21世纪高等学校计算机规划教材

国务院侨务办公室立项　彭磷基人才培养改革基金资助

计算机科学基础实践教程

Foundations of Computer Science in Practice

全渝娟 陈展荣 刘小丽 胡彦 林龙新 主编

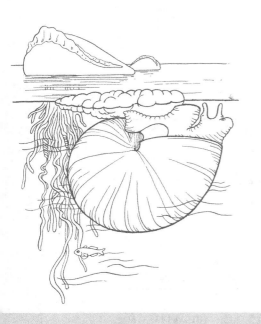

高校系列

人民邮电出版社

北　京

图书在版编目（CIP）数据

计算机科学基础实践教程 / 全渝娟等主编. -- 北京：
人民邮电出版社，2015.10（2018.7重印）
21世纪高等学校计算机规划教材. 高校系列
ISBN 978-7-115-40076-5

Ⅰ. ①计… Ⅱ. ①全… Ⅲ. ①计算机科学－高等学校
－教材 Ⅳ. ①TP3

中国版本图书馆CIP数据核字（2015）第202701号

内 容 提 要

　　本书是参照教育部高等学校大学计算机基础课程教学指导委员会最新制定的"大学计算机基础教学课程的基本要求"，采用全新架构编写的实验教材，既可以结合相关的主教材展开教学，也可以独立使用。全书共包括三个部分：第一部分为"基础篇"，第二部分为"核心篇"，第三部分为"应用篇"。"基础篇"主要阐述了大学计算基础实验的目的与要求、实验要点、数据表示与逻辑基础、Raptor 与 Python 基础。"核心篇"部分主要涉及操作系统、算法基础、数据抽象与管理、计算机网络等实验内容。"应用篇"涵盖了图文处理、表格处理及多媒体处理等应用软件的操作实验。

　　本书内容丰富、新颖，结构清晰，实用性强，可作为高等学校非计算机专业计算机基础教学辅助教材。

◆ 主　　编　全渝娟　陈展荣　刘小丽　胡　彦　林龙新
　　责任编辑　许金霞
　　责任印制　沈　蓉　彭志环

◆ 人民邮电出版社出版发行　　北京市丰台区成寿寺路 11 号
　　邮编　100164　　电子邮件　315@ptpress.com.cn
　　网址　http://www.ptpress.com.cn
　　固安县铭成印刷有限公司印刷

◆ 开本：787×1092　1/16
　　印张：11　　　　　　　　　　2015 年 10 月第 1 版
　　字数：287 千字　　　　　　　2018 年 7 月河北第 5 次印刷

定价：28.00 元
读者服务热线：(010)81055256　印装质量热线：(010)81055316
反盗版热线：(010)81055315

前言

　　本书是"大学计算机基础"课程的配套实验教材。全书采用全新的架构和大量可实践的内容编排而成。精心抽取各基础知识点，设计相关实验，旨在突出计算机学科的实践性，促进学生动手实践和解决实际问题的能力，进而达到更好地理解计算机基础理论的目的。

　　全书包括三部分内容：基础篇、核心篇和应用篇，分别从基础知识、原理、应用三个方面展开。基础篇介绍了辅助理解算法和进行程序设计的工具软件；核心篇则围绕计算机的基础理论展开，内容涉及数据的表示与编码、算法基础、面向对象的程序设计、操作系统、数据抽象与管理、计算机网络等实验；应用篇主要包括数据处理、动画制作、网页设计等实验。

　　本书所涉及的内容，部分已在暨南大学使用了多年，效果良好。但一直都无法解决好不同学生层次和不同学科差异性的教学需求，以及理论与实践如何融汇相承等问题。此次出版教材的出发点是面向不同专业学生的特点和学科发展的需求，突破了传统的计算机基础课程实验的设计思路，同时引入新的实践性内容，如算法设计、Python 编程等，并做了有梯度的规划和编排，尽可能地给读者呈现出计算机基础相关内容的全貌，同时供不同计算机应用层次需求的教学筛选使用。

　　本书由全渝娟组织、陈展荣组织策划。其中第 1、2、5、8、11 章由陈展荣编写，第 3 章由刘小丽、王卫东、全渝娟编写，第 4、12 章由刘小丽编写，第 6 章由刘小丽、梁里宁、全渝娟编写，第 7 章由刘小丽、林龙新编写，第 9 章由林龙新、刘小丽编写，第 10 章由胡彦、陈展荣编写，第 13 章由胡彦编写，第 5 章的 Python 代码由刘小丽提供。本书是十多位具有多年教学经验的老师的成果结晶，他们所做的大量教学成果，为本教材的出版奠定了非常重要的基础，包括范荣强、许迅文等老师。特别感谢梁里宁、许迅文老师为本书提供了部分宝贵的数据、代码及实验内容，余宏华老师对本书提供了诸多建设性意见，张家俊同学协助完成 Flash 制作，谢昊、赵浩南老师对 Dreamweaver、Flash 实验进行了验证与校对，在此一并向他们表示衷心地感谢！

　　本书的编写可以看作是在我国高等院校计算机基础教育由工具型、知识型转向突出计算思维的一次尝试，虽有国内外同行的经验以及作者们集体的教学实践为基础，但因时间仓促，加之编者水平有限，书中难免有疏漏和不足之处，在此恳请专家和广大读者批评指正，以便今后本教材的修订和完善。

作　者

2015.7.7 于暨南园

目 录

基础篇

核心篇

1

应用篇

基础篇

"基础篇"包括实验概论、算法可视化工具、程序设计工具等内容，是本书后续实验的基础。

第 1 章为本书后续实验的导读和对学生做好实践性学习的基本要求。本章内容要求学生认真阅读，了解如何使用本书，通过掌握本课程实验的教学目标与基本要求，掌握完成每次实验的方法与实验步骤，学会独立地完成实验报告以及解决实际问题。

第 2 章为算法设计工具 Raptor 介绍。主要涉及 Raptor 的基本概念、运行环境和 3 个 Raptor 的入门基础实验，为后续第 5 章的算法和程序设计打下基础。

第 3 章介绍了程序设计工具 Python 编程语言。主要内容包括 Python 的基本概念以及基础练习、3 种控制结构、函数、内置数据结构等实验，供有高层次应用能力培养需求的专业（如理工类）的学生学习。

第1章
实验概论

1.1 教学目标与要求

1. 教学目标

大学计算机基础教学是高校通识教育的重要组成部分，在学生综合素质、创新能力培养等方面发挥着重要作用。因此，正确认识大学计算机基础教学的重要地位，以培养学生 "计算思维" 能力为计算机基础教学的核心任务，并由此建设更加科学和有效的计算机基础课程体系，将成为大学计算机基础课程的教学目标。

教育部高等学校计算机基础课程教学指导委员会提出了大学计算机基础教学四个方面的能力培养目标。

（1）对计算机的认知能力。掌握计算机中数据的表示及计算，理解计算机分析、解决问题的基本原理与方法。

（2）应用计算机解决问题的能力。能有效地掌握并应用计算机工具、技术和方法，解决专业领域中的问题。

（3）基于网络的学习能力。熟练掌握与运用计算机与网络技术，能够有效地对信息进行获取、分析、评价和吸收。

（4）依托信息技术的共处能力。掌握与运用计算机与网络技术，能够有效地表达思想，彼此传播信息、沟通知识和经验；充分认识互联网的参与性、广泛性和自律性，自觉遵循并接受信息社会道德规范的约束，并自觉承担相应的社会责任。

2. 实验要求

基于计算思维的教学实践是大学课程教学的重要而必备环节。通过实践，可使学生巩固课堂讲授的理论知识并加深对理论知识的理解，培养应用所学理论知识独立分析、解决问题的能力。

在实验过程中融入计算思维的训练，通过训练使学生领悟计算思维。作为教师，要为学生计算思维的形成创设合适的思维环境。比如，通过各种载体为学生提供丰富的实例，让学生在模仿中逐渐形成计算思维的能力；把学生引入真实的工作情景，激发其自觉运用计算思维的方法。教师可将自己处理问题的方法展现给学生，便于学生深层次的理解与借鉴；学生可将自己认识问题、解决问题的方法表达出来，便于教师及时地反馈评价，有针对性地纠错。

为达到实践教学目标，要求学生在每次实验之前按要求认真预习，了解实验的具体内容和相关理论。实践中，按实践教程中的操作方法进行。对某些实验，在实验结束后按规范撰写实验报告。

具体的实验过程因各实验的目的、内容和难易程度的不同而有所不同，但大体上应遵循以下原则。

（1）根据实践教程中的预备知识提纲，预习本次实验的理论和知识，理解实验目的和方法，预习时应特别注意实验内容与理论知识的联系，体会本次实验要巩固的理论内容。然后通过实验验证这些理论。

（2）对实验操作中可能出现的异常现象，分析出现的原因并找出解决问题的方法。

（3）试验中，必须记录一些实验得到的结果，观察和记录运行结果，目的是为了在实验报告中进行总结。

（4）撰写实验报告。

1.2　实验要点

通常要完成一个完整的实验并真正有所收获，就要做好实验准备、实验操作、结果分析、问题解决、撰写实验报告等几个方面的工作。

1. 实验准备

在实验前，应该根据实验目的和要求预先做好准备工作，包括复习实验中涉及的理论知识、查找相关资料、仔细阅读实验中所要使用的操作平台及软件工具的使用说明等。

2. 实验操作

在实验过程中，可参照指导书中的操作步骤进行实验，也可按自己的思路创新操作，但需做好原始记录，记录每个关键步骤及其结果。

3. 结果分析

对得到的结果，可以小组讨论方式进行分析、讨论。

4. 问题解决

对在实验中出现的疑难或错误结果，不要轻易寻求帮助，应经过自己独立分析和思考后，再交予小组讨论，充分发挥同学之间协同合作的力量，力求在小组讨论后利用集体的智慧解决问题，减少对实验指导教师的过分依赖，形成"多思少问"的良好学风。

5. 撰写实验报告

撰写实验报告是五个实验要点的关键，可培养实验者理论与实践相结合的能力。同时，它也是评判实验成绩的主要指标。实验报告按统一模板进行填写。

第2章
算法可视化工具

2.1 Raptor 的基础知识

2.1.1 Raptor 的概念与特点

Raptor（Rapid Algorithmic Prototyping Tool for Ordered Reasoning，用于有序推理的快速算法原型工具）是一种基于流程图的可视化的程序环境，可为程序和算法设计的教学等提供实验环境。

流程图是一系列相互连接的图形符号的集合，其中每个符号代表要执行的特定类型的指令。Raptor 允许学生用连接基本流程图符号的方式来创建算法，然后可在其环境下直接调试和运行算法，包括单步执行或连续执行的模式。该环境可直观地显示当前执行符号所在的位置，以及所有变量的内容。此外，Raptor 提供了一个简单图形库。学生使用可视化创建算法，所求解的问题就是可视化的。由于流程图是计算机基础课程中的基础概念，所以一旦开始使用 Raptor 解决问题，这些原本抽象的算法问题将会变得清晰。

Raptor 的主要特点为：

（1）规则简单，容易掌握。

（2）在 Raptor 中，程序就是流程图，可逐个执行图形符号，以便帮助用户跟踪指令流执行过程。

（3）用 Raptor 可进行算法设计和验证，从而使初学者有可能理解和真正掌握"计算思维"。

（4）使用 Raptor 设计的程序和算法可直接转换成为 C++,C#,Java 等高级程序语言。

2.1.2 Raptor 程序

Raptor 程序是一组连接符号，表示要执行的一系列动作。Raptor 程序执行时，从 Start 符号起步，按照箭头所指方向执行程序，直到 End 符号时停止，如图 2-1 所示。在开始和结束符之间插入一系列 Raptor 符号，就可创建有意义的 Raptor 程序了。

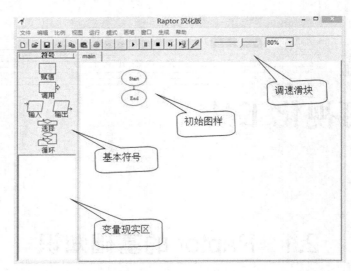

图 2-1　工作界面

一个程序通常由两要素组成，即基本运算和控制结构。基本运算包括以下内容。

算术运算：+、-、*、\、Mod、^等。

关系运算：>、>=、<、<=、=、<>。

逻辑运算：and、or、not 等。

数据传输："赋值""输入"和"输出"等。

程序的控制结构是程序中各操作之间的操作顺序和结构关系，一个程序一般都可用顺序、选择和循环三种基本控制结构组合而成。如图 2-1 所示，Raptor 有 6 种基本符号，即赋值、调用、输入、输出、选择、循环。每个符号代表一个独特的指令类型。

根据程序构成要素，Raptor 的符号分为两大类。①基本符号：赋值、调用、输入和输出符号；②表示控制结构的符号：选择符号和循环符号。详见表 2-1。

表 2-1　　　　　　　　　　　　　　　　四种基本符号/语句

目的	符号	名称	说明
输入		输入语句	允许用户输入数据，并将数据赋值给一个变量
处理		赋值语句	使用各类运算来更改变量的值
调用		过程调用	执行一个过程，该过程包含多个语句
输出		输出语句	现实变量的值，也可以将变量的值保存到文件中

2.2　Raptor 入门基础实验

实验 1　Raptor 的应用环境实验

一、实验目的

- 掌握 Raptor 的基本思想。
- 掌握 Raptor 的运行环境及图形符号的使用方法。
- 掌握使用 Raptor 绘制算法流程图的方法。

二、实验内容与步骤

在 Raptor 环境中，编写并运行计算圆面积的算法。算法流程如图 2-2 所示。

（1）启动 Raptor 汉化版程序项，单击保存按钮，命名为"顺序结构.rap"。

（2）鼠标单击 Raptor 符号窗口中的"输入"符号，然后在初始流程图的连线上单击，则输入框被放入到 Start 和 End 框之间。

（3）双击 main 窗口中"输入"框，弹出图 2-3 所示的"输入"对话框，在"输入提示"文本框中输入"please input radius r"（此框只能输入英文字母，且用双引号括起来），在"输入变量"文本框中输入变量名 r，单击"完成"按钮。

（4）鼠标单击 Raptor 符号窗口中的"赋值"符号，单击"输入"框下端的流程线，则插入"赋值"框。

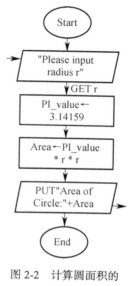

图 2-2　计算圆面积的
算法流程

（5）双击 main 窗口的"赋值"框（或右击"赋值"框并选择"编辑"命令），弹出图 2-4 所示的 Assignment（赋值）对话框，在 Set 文本框中输入 PI_value，在 to 文本框中输入 3.14159 后单击"完成"按钮。

（6）添加计算圆面积的"赋值"框，并在编辑对话框中的 Set 部分输入 area，在 to 部分输入 PI_value*r*r。

（7）在流程图上继续添加"输出"框，并在其编辑对话框中的"输入你要输出的内容"文本框中输入 area。

（8）保存最后完成的流程图，单击工具条上的运行按钮。运行程序时，在执行到"输入"语句时，界面弹出"输入"对话框。

（9）输入半径 5，程序继续执行，可看到程序中的变量值在窗口的变量显示区中显示出来。

在主控台窗口中显示流程图运行结果。

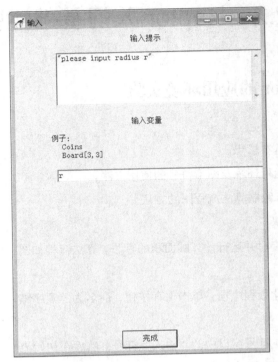

图 2-3   "输入"对话框

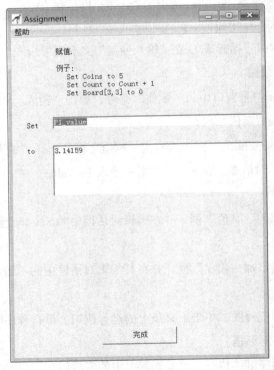

图 2-4   "赋值"对话框

三、实践与思考

在 Raptor 环境中，独立完成计算圆面积的算法流程，并思考控制结构中的输入与输出在控制流程的差异。

2.3　Raptor 中算法基本结构设计

实验 2　Raptor 环境中的选择结构算法设计

一、实验目的

- 理解分支结构的基本算法思想。
- 掌握 Raptor 中包含分支结构的算法设计。

二、实验内容与步骤

在 Raptor 编程环境中，编写并运行求解如下分段函数算法。

$$y = \begin{cases} x, x \geqslant 0 \\ -x, x < 0 \end{cases}$$

用自然语言描述函数算法如下。

步骤 1：输入 x 值。

步骤 2：如果 x≥0，则 y=x；否则 y=-x。

步骤 3：输出 y 的值。

具体操作步骤如下。

（1）启动 Raptor 汉化版程序项，单击保存按钮，命名为"分支结构.rap"。

（2）单击 Raptor 符号窗口的"输入"符号，在流程图中加入"输入符号"。

（3）在窗口的符号区单击名为"选择"的符号，在弹出的"选择"对话框中输入决策表达式：x>=0，并单击"确定"按钮。

（4）在左、右分支上各插入一个"赋值"框，在"Assignment"对话框中编辑赋值语句的内容，得到两个赋值语句。

（5）选择"输出"符号，在选择语句和结束框之间的连线上单击，则插入"输出"框，在"输出"对话框中编辑输出内容。

（6）最后生成一个选择结构的算法流程。

（7）运行该程序，并跟踪执行过程中变量的值。观察算法的执行过程，体会选择结构执行原理。

三、实践与思考

（1）参照上述分段函数的算法设计，在 RAPTOR 编程环境中，编写并运行求解出租车计费的算法。计费规则可用如下分段函数表示。

$$f = \begin{cases} 10 & s \leq 3 \\ 10+(s-3)\times 2.5 & 20 \geq s > 3 \\ 10+(s-3)\times 3.5 & s > 20 \end{cases}$$ （路程用变量 s 表示，计费用变量 f 表示）

此题出现了 3 种选择，此时使用级联选择，也称嵌套选择。第一级选择条件是 $s \leq 3$，在第一级选择的 No 分支，再插入一个"选择语句"。

（2）判断某年是否闰年（能被 4 整除但不能被 100 整除，或能被 400 整除），如 2000、2012 年均是闰年，2013、2014 均是平年。要求在 RAPTOR 环境中编写并运行求解闰年问题的算法。

输入一个年份 Year 时，其取值范围为 1900～9999，且 Year 满足闰年的条件是（Year Mod 4=0 and Year Mod 100>0）OR（Year Mod 400=0）。如果该年号是闰年则输出 Yes，否则输出 No。

实验 3　Raptor 环境中的循环结构算法设计

一、实验目的

- 理解循环结构的基本算法思想
- 掌握 Raptor 中包含循环结构的算法的设计

二、实验内容与步骤

在 Raptor 编程环境中，编写并运行求解任意正整数 N!的算法。自然语言描述算法如下。

步骤 1：使 P=1，I=1。

步骤 2：输入任意大的正整数 N。

步骤 3：把 P*I 的乘积放入 P 中。

步骤 4：把 I+1 的值再放回 I 中。

步骤 5：如果 I 小于 N，返回执行步骤 3，反之进入下一步。

步骤 6：输出 P 中存放的 N!值。

在 Raptor 编程环境中完成此算法的操作如下。

（1）打开 Raptor 后，新建一个新文件后保存，文件名为循环结构.rap。

（2）添加"赋值语句"，P←1；添加"赋值语句"，I←1。

（3）添加"输入语句"，为变量 N 输入值。

（4）在其后添加一个循环语句，双击"循环语句"框，弹出"循环"对话框，在对话框中输入跳出循环的条件 I>N，然后单击"完成"按钮。

（5）在"选择语句"No 下方添加"赋值语句" P ← P*I。

（6）再在 P ← P*I 下方继续添加"赋值语句" I ← I+1。如图 2-5 所示。

（7）在"选择语句"Yes 下方添加"输出语句"，输出 N!的值。

（8）运行该程序，并观察运行过程中变量值的变化。从主控台窗口可获悉程序的运行次数和 N!的计算值。

三、实践与思考

（1）求出所有 3 位水仙花数。

水仙花数是指一个 n 位的正整数的每一位数的 n 次幂之和等于它本身，如 $153 = 1^3 + 5^3 + 3^3$，因此 153 是水仙花数。请用穷举法设计求解 3 位数的水仙花数问题的算法，在 Raptor 编程环境中完成此算法，输出每个水仙花数，一个数占一行。

（2）在 RAPTOR 中编写并运行求 1～99 所有奇数之和的算法，算法流程如图 2-6 所示。

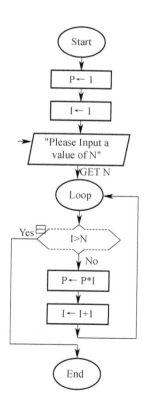

图 2-5 求 N! 算法流程图

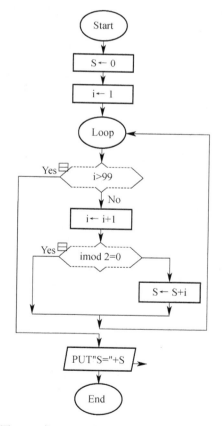

图 2-6 求 1～99 所有奇数之和的算法流程图

　　图 2-6 是在 Raptor 中生成的，包括了算法的三种基本结构，即顺序结构、分支结构和循环结构。循环结构包括循环变量、循环体及循环结束条件，这里的循环变量为 i，从初值 1 循环到 99，进行了 99 次循环，特别注意的是循环体中的循环变量的递增或递减是必需的，以满足循环结束条件，否则就是死循环。

第3章
程序设计工具

3.1 Python 基础知识

Python 是一种面向对象、直译式电脑编程语言，具有近 20 年的发展历史，成熟且稳定。它包含了一组完善而且容易理解的标准库，能够轻松完成很多常见的任务。它经常被当作脚本语言用于处理系统管理任务和网络程序编写，然而它也非常适合完成各种高级任务。Python 虚拟机本身几乎可以在所有的作业系统中运行。使用一些诸如 py2exe、PyInstaller 之类的工具可以将 Python 源代码转换成可以脱离 Python 解释器运行的程序。

Python 支持命令式程序设计、面向对象程序设计、函数式编程、面向侧面程序设计、泛型编程多种编程范式。Python 本身被设计为可扩充的，它提供了丰富的 API 和工具，以便程序员能够轻松地使用 C 语言、C++、Cython 来编写扩充模块。Python 编译器本身也可以被集成到其他需要脚本语言的程序内。在 Google 内部的很多项目，如 Google Engine 使用 C++编写性能要求极高的部分，然后用 Python 或 Java/Go 调用相应的模块。Python 由于语法优雅和清晰又被誉为可执行的伪代码，顾名思义，使用 Python 时不必纠结于语言的细节，可以快速地完成你的逻辑构思，因此近些年来在计算机界掀起一波浪潮，国内外的 Google、Dropbox、豆瓣和知乎等知名企业都大量地使用 Python。

Python 与其他程序设计语言有很大的不同，其主要的特点如下：

（1）Python 程序结构简单。程序以模块和包的形式分发，版本可控性强；Python 编译成的字节码具有平台无关性；代码长度相比 C/C++/Java 短很多。这些特性导致 Python 的开发周期短，而且可以作为快速原型开发的语言使用，即先用 Python 实现程序的主要模块。

（2）程序结构清晰，通过缩进对齐代表。Python 的代码通过缩进对齐表达代码逻辑，而不是使用大括号或者关键字来表示代码块的结束，Python 支持制表符缩进和空格缩进，但 Python 社区推荐使用四空格缩进。也可以使用制表符缩进，但切不可以混用两种缩进符号。虽然分号"；"允许将多个语句写在同一行上，但是 Python 不提倡使用 ";" 将多个语句写在一行，这样不便于代码的阅读，也不方便以后对代码进行扩展和维护。一般情况下，Python 代码的可读性非常好。

（3）弱类型的程序设计语言。Python 是动态类型语言，不需要预先声明变量的类型。变量的类型在赋值的那一刻被初始化。

图 3-1 所示为 Python 代码示例。

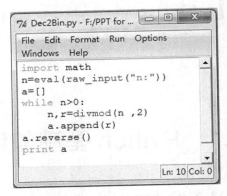

图 3-1　Python 代码示例

3.2　Python 基础练习

1. 基本数据类型

数：在 Python 中有 4 种类型的数——整数、长整数、浮点数和复数。

字符：字符串基本上就是一组单词，在程序设计中不可避免地用到它。字符串两端用双引号 "" 或字串左侧用单引号'。

```
a=10# int 整数
a=1.3# float 浮点数
a=True# 真值 (True/False)
a='Hello!'# 字符串
aComplex = -8.333-1.47j    #注意虚数后面必须有后缀 j
```

2. 变量声明

变量是标识符的例子。标识符是用来标识某样东西的名字。在命名标识符的时候，你要遵循以下这些规则。

（1）标识符的第一个字符必须是字母表中的字母（大写或小写）或者一个下划线（_）。

（2）标识符名称的其他部分可以由字母（大写或小写）、下划线（_）或数字（0~9）组成。

（3）Python 标识符名是大小写敏感的，即 "Str" 与 "str" 是不同的变量。例如，myname 和

myName 不是一个标识符。注意前者中的小写 n 和后者中的大写 N。

3. 基本运算

常用的运算符如表 3-1 所示

表 3-1　　　　　　　　　　　　　　Python 常用运算符

X+Y, X−Y	加、减，"+"号可重载为连接符
X∗Y, X∗∗Y, X/Y, X%Y	相乘、求平方、相除、求余，"∗"号可重载为重复，"%"号可重载为格式化
<, <=, >, >=, ==, <>, !=	比较运算符
OR, AND, NOT	逻辑运算符

4. 命令行的书写规则

（1）没有特殊要求时一律小写。

（2）通常一行一条命令。当同行上写若干命令行时，各命令行间用分号";"隔开。

（3）同一层次的缩进是相同的。若同一层次引入不同的缩进，将引发程序的错误运行。

（4）注释语句：#后面跟着的文字或表达式均为注释，不参与运行仅用于阅读程序。

实验 1　Python 基础实验

一、实验目的

- 了解 Python 语言对变量的使用，Python 语句的书写规则。
- 熟悉 Python 基本运算。
- 掌握 Pythonython 的数据输入和输出方法。

二、实验内容与步骤

1. 数据类型和运算符

（1）逐一将这四组练习依次在 Python 运行界面内输入且运行，注意观察和记录运行结果。

① 直接在运行窗的提示符处建立这些命令。

```
>>>12+34
>>>a=123
>>>print type(a)
>>>a=123.456
>>>print a,type(a)
>>>a='laowang'
>>>print a,type(a)
>>>a=5<3
>>>print a,type(a)
```

② 观察变量的小程序。

```
>>>a=123#integer
>>>print a,type(a)
```

```
>>>a=123.456#float
>>>print a,type(a)
>>>a='laowang'#string
>>>print a,type(a)
>>>a=5<3#logical
>>>print a,type(a)
```

③ 观察算术运算。

```
>>>print 1+9          # 加法
>>>print 1.3-4        # 减法
>>>print 3.1*5        # 浮点数*整数
>>>print 4.5/1.5      #浮点数乘
>>>print 3**2         # 乘方
>>>print 10%3         # 求余数
>>>print 10//3        #取整数
>>>print 10.78//3
>>>print int(10.54//3)
>>>print"a"+"b"       #字符连接
```

④ 观察关系运算和逻辑运算。

```
>>>print 5==6
>>>print 8.0!=8
>>>print 3<3, 3<=3
>>>print 4>5, 4>=0
>>>print 5 in [1,3,5]
>>>print True and True,
>>>x=60
>>>print x>=0 and x<=100
```

2. 输入和输出

建立程序文件，文件名为 me_inout.py。运行之且记录运行结果以便分析。

表 3-2 解释了输入语句 input( )和 raw_input( )的差异。

表 3-2   输入语句 input( )和 raw_input( )的差异

Input	>>>age=input('你的年龄是：') 你的年龄是：21 >>>print "我今年" +age+ "岁了！" Type Error:cannot concatenate 'str'and 'int'objects
raw_input	>>>age=raw_input('你的年龄是：') 你的年龄是：21 >>>print "我今年" +age+ "岁了！" 我今年 21 岁了！

三、实践与思考

（1）理解 input 和 raw_input 的区别。

（2）print "a" + "b" 命令行使我们看到+号的不同用途，如何解释+号表现出的功能呢？

（3）假如你把实验内容与步骤 1（4）第一行命令 print 5==6 改成 print 5=6 会是什么结果？由这样的结果，你又如何看待=和==的区别？

3.3　Python 三种控制结构

实验 2　Python 基本结构实验

一、实验目的

- 认识程序控制结构的类型。
- 学习条件、循环结构的用法，掌握一定的程序设计方法。

二、预备知识

一个完整的程序，不论其复杂性如何，就其功能而言无外乎分三个部分，即数据输入、数据处理和数据输出，如图 3-2 所示。

所谓控制结构就是指数据的处理部分的功能划分，通常按功能将程序的数据处理分为顺序结构、分支结构和循环结构。

| 数据输入 |
| 数据处理 |
| 数据输出 |

图 3-2　程序结构组成

① 顺序结构指命令的执行过程是依次逐条进行的。譬如：

```
>>> a=input('please input data  ')#数据输入
>>> b=input('please input data  ')
>>> y=a+b                      #数据处理　加法运算
>>> print y#运算结果输出
```

② 分支结构指根据条件决定程序的走向。图 3-3 所示为其基本语法形式及示例。

语法	例子（判断奇偶数）

If 条件表达式：
　　命令系列——条件成立时
Else：
　　命令系列——条件不成立时
	n=input("pls input a number:")
	if n%2==0:
	　　print "even"
	else:
	　　print "odd"

图 3-3　分支结构基本语法形式及示例

这里要特别注意：条件命令行以冒号（：）为结束标志；程序块必须有缩进。一般常用的条件分支结构有条件嵌套和多分支两种。

③ 循环结构是指程序周而复始地执行一段特定功能的程序段。一般地，我们把能够预测循环次数的循环模式称为可预测循环，用 for 语句来实现，把无法预测循环次数的循环模式称为不可预测循环，用 while 语句来实现。图 3-4 所示为循环结构基本语法形式及示例。

	for	while
语法	For 循环变量 inrange(n1,n2,n3)： 循环体	While 约束条件： 循环语句

例子
(求因子)
	count = 36
	for i in range(2, count/2 + 1):
	    if count % i == 0:
	        print i,
		count = 36
		i=2
		while i <=count/2 + 1:
		    if count % i == 0 :
		        print i,
		    i=i+1

备注	1. 循环体必须用缩进来表现 2. n1 为循环初始值，n2 为循环终值，n3 为步长	注意循环条件的设置，防止出现死锁

图 3-4　循环结构基本语法形式及示例

三、实验内容与步骤

在 Python 编程环境中，编写程序运行输出前面 n 个斐波那契数列，n 由用户输入，当输入的数据 n 不是正整数的时候给予提示，当 n 是正整数的时候输出前 n 个斐波那契数。该数列由下面的递推关系决定：$F_0=0$，$F_1=1$，$F_{n+2}=F_n + F_{n+1}(n \geqslant 0)$。

在本实验中要用到 Python 的控制循环结构和选择结构。在 Python IDLE 集成环境中 New 一个新的源程序文件，并输入如下源代码，并把此源码保存为 test2.py 文件。

```
1    #coding=utf-8
2    #斐波那契数列前两个是 0,1，这里变量 x 记录数列的个数
3    f1, f2 =0, 1
4    x=1
5    n=input("请输入 n 的值：")
6    if n>0 and n==int(n):
7        print "斐波那契数列:"
8        while x <=n:
9            f3=f1+f2
10           f1=f2
11           f2=f3
12           print x,":",f3
13           x=x+1
14       else:
         print("输入的不是正整数")
```

程序分析如下。

第 1 行：#coding=utf-8 并非注释语句，而是设置文件编码类型为 UTF-8。目的解决 PY 源文件里不允许有中文的缺陷。建议编制代码时首句都用此句。

第 2 行：#号开头的语句是注释语句。

第 3 行：变量 f1、f2 分别表示斐波那契数列中的前两项，即初始值是 0、1。

第 4 行：x 表示数列中的每个斐波那契数。

第 6 行：if n>0 and n==int(n)，语句，判断 n 是否正整数，如果成立就执行 while 语句。

第 14 行：else，当 if 条件不成立时的分支，所执行语句仅给出输入的数据不是正整数的错误提示。

第 8 行：while 循环

（1）x＜n 时，执行循环体内的命令，当"x＜n"不成立的时候退出循环。

（2）循环体内程序的功能如下。

这段小程序中有两个功能，首先根据斐波那契数的递推关系

$$F_3=F_1+F_2$$

通过前两个数相加得到斐波那契数，并打印输出。

其次，下一次运算时的 F_1 和 F_2 值是通过 F_3 和 F_2 数据的辗转传递实现的，这里一定要记住辗转的次序，千万不可搞错！

（3）程序的运行结果如图 3-5 所示。

四、实践与思考

（1）编写一个程序，求 s=1+2+3+…+100 累加和。考虑要求做 100 以内的偶数累加和或奇数累加和，如何解决？

（2）完数是指某数等于它的所有因子之和，譬如，6=1+2+3。请将 1000 以内的数字中所有的完数挑拣出来。

（3）编写一个程序，求累加和，当数据项小于 0.1 时停止，数列如下：

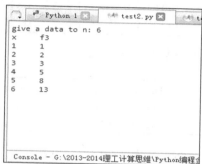

图 3-5　斐波那契数列程序执行效果

$$1+\frac{1}{2}+\frac{1}{3}+\frac{1}{4}+\frac{1}{5}+\cdots$$

（4）讨论程序的控制结构，本质上讲就是研究算法。请你指出程序设计中常见的算法有哪些？我们的练习都涉及了哪些算法呢？

3.4　Python 内置常用数据结构

实验 3　Python 的列表、元组和字典实验

一、实验目的

- 理解 Python 常用的内置数据类型及区别。
- 掌握列表、元组、字典的基本操作与简单应用

二、预备知识

1. 字符串

字符串是基本数据类型，在 Python 语言里可以被看做对象。（有关"对象"概念请参阅在第 6 章实验，有关对象的操作直接在"对象名称"后面输入点"."并等待 2 秒，会自动列出该对象的方法。）字符串有查找、替换、截取等基本操作。如对 words="Hi!"+"Everyone!"

（1）字符串的截取

```
#正数从左边开始截取
print words[4]          #截取字符串第 4 个字符
print words[3:6]        #截取字符串第 3~6 个字符
print words[2:]         #截取字符串后面从第 2 个字符开始后面的所有字符
print words[:2]         #截取字符串前面 2 个字符
#负数从右边开始截取
print words[-2]         #截取字符串后面第 2 个字符
print words[-2:]        #截取字符串最后 2 个字符
print words[:-2]        #截取字符串除最后 2 个字符外的所有字符
```

（2）字符串的查找、替换

```
print words.find('E',0,len(words))    #查找字符串中'E'的位置，len()取字符串长度函数
wordsR= words.replace('one', 'body')  #将字符串中的'one',改成'body'
print wordsR
```

Python 有 6 个序列的内置类型，最常见的是列表、元组、字典等。

2. 列表和元组

列表和元组非常相似，都是序列类型。最大的区别是元组一旦被赋值，值不可以被改变；列表却可以被任意地更改的，如表 3-3 所示。

列表是 Python 中最基本的数据结构和常用的数据类型。列表中的每个元素都被分配了一个数字下标，代表某个元素所在的位置或索引，列表索引的起始值是 0，按步长 1 进行递增。列表的数据项可以是不同类型的数据，可以是一个子列表（嵌套）。可对列表进行索引、切片、添加、插入、删除、反转、查找、排序及获取列表长度、最大和最小元素、成员等。

表 3-3   Python 中列表、元组的差异

列表(list)	用于存储一个序列的项目，项目包含在方括号中。列表中的元素可以为可变的数据类型，可以嵌套子列表。 list1 = [ ]　　　　　　　　　　　　　　# 空列表 list2 = [1,2,3]　　　　　　　　　　　# 3 个元素组成的列表 list3 = [1, 2, ["a","b","c"]]　　　　　# 子列表嵌套 List2[2] = 100　　　　　　　　　　　　# List 可改变

元组(tuple)	用于存储一个序列的项目，项目包含在小（园）括号中。与列表十分相似，也可以嵌套，但元组是不可变的。
	元组和列表可以相互转化：
	>>> tuple1 = (0, 1, 2, 3)
	>>> tuple1
	>>> (0, 1, 2, 3)
	>>>tuple1[2]=100
	>>> list1 = list(tuple1)
	>>> list1
	>>> [0, 1, 2, 3]

Python 对列表提供的操作见表 3-4 和表 3-5。

表 3-4　　　　　　　　　　　　　　　　　　操作列表的函数

len(list1)	返回列表元素个数
max(list1)	返回列表元素最大值
min(list1)	返回列表元素最小值
list(tup1)	将元组转换为列表
cmp(list1, list2)	比较两个列表的元素，返回比较结果

表 3-5　　　　　　　　　　　　　　　　　　操作列表的方法

list1.append(obj1)	在列表末尾添加新的对象
list1.count(obj1)	统计某个元素在列表中出现的次数
list1.extend(list2)	在列表末尾一次性追加另一个序列中的多个值（用新列表扩展原来的列表）
list1.index(obj1)	从列表中找出某个值第一个匹配项的索引位置
list1.insert(index1, obj1)	将对象插入列表
list1.pop(obj1=list1[-1])	移除列表中的一个元素（默认最后一个元素），并且返回该元素的值
list1.remove(obj1)	移除列表中某个值的第一个匹配项
list1.reverse()	反向列表中元素
list1.sort([list])	对原列表进行排序

3. 字典

字典是 Python 语言中唯一的映射类型。由(键, key)和指向的对象(值, value)组成，是一对多的关系，通常被认为是可变的哈希表。字典的键值对标记一般为：d = {key1 : value1, key2 : value2 }

与序列类型的区别主要有：存取和访问数据的方式不同；用键直接"映射"到值；映射类型可以用其他对象类型作键（如数字、字符串、元组，一般用字符串作键）；映射类型中的数据是无序排列的等，如果想要一个特定的顺序，应该在使用前先对它们进行排序。

元组的基本操作如表 3-6 所示。

表 3-6　　　　　　　　　　　　　　　　　　元组的基本操作

创建	字典中的键必须是唯一的，而值可以不唯一 dict1 = { }　　　　空字典 dict2 = {key1 : value2,　key2 : value2,　…}
添加	dict1[new_key] = value
更新	dic1t[old_key] = new_value
删除	del dict1[key]　删除键 key 的项 del dict1　删除整个字典
查找	dict1[key] dict1.has_key('name') 'name' in dict1 / 'name' not in dict1

查看 Python 帮助，学习字典的 Keys()、Values()、Update()的用法。

三、实验内容与步骤

1. List（Tuple）基本操作

（1）定义（创建）List

```
>>>li = [100, 1000, "Hadoop", True, "MapReduce" ]
>>>li
[100, 1000, 'Hadoop', True, 'MapReduce' ]     # 各元素索引为 0、1、2、3、4
>>>li[0]
100                                            # 第一个元素的值为 1000
>>>li[1:2]                                      # 片区 1:2 的元素
[1000, 'Hadoop']
>>>li[2: ]                                      # 片区 2:4 的元素
['Hadoop', True, 'MapReduce' ]
```

（2）向 list 增加元素

```
>>>li.append("NewOne")                                      # 尾部添加
>>>li
[100, 1000, 'Hadoop', True, 'mapreduce', 'NewOne' ]
>>>li.insert(2, "NewOne")                                   # 插入
>>>li
[100, 1000, 'NewOne', 'Hadoop', True, 'MapReduce', 'NewOne' ]
```

（3）在 list 中搜索定位元素

```
>>>li.index("Hadoop")
3
>>>li.index("Drill")
Traceback (innermost last):
  File "<interactive input>", line 1, in ?
ValueError: list.index(Drill): Drill not in list
>>>Drill" in li
False
```

（4）从 list 中删除元素

```
>>>li
[100, 1000, 'NewOne', 'Hadoop', True, 'MapReduce', 'NewOne' ]
>>>li.remove(True)
>>>li
[100, 1000, 'NewOne', 'Hadoop', 'MapReduce', 'NewOne' ]
>>>li.remove("NewOne")
>>>li
[100, 1000, 'Hadoop', 'MapReduce' ]
>>>Del li[ :1]
['Hadoop', 'MapReduce' ]
>>>li.remove("c")
Traceback (innermost last):
  File "<interactive input>", line 1, in <module>
    li.remove("c")
ValueError: list.remove(x): x not in list
>>>li.pop()
'new'
>>>li
['a', 'b', 'mapreduce ', 'hadoop']
```

（5）List 排序与反转、求最大与最小

```
>>>str_list = ['Spring', 'Summer', 'Autumn', 'Winter']
>>>str_list.sort()
>>>str_list
['Autumn', 'Spring', 'Summer', 'Winter']
>>>str_list.reverse()
['Winter', 'Summer', 'Spring', 'Autumn' ]
>>>num_list = [34, 68, 15, 56, 23, 36]
>>>num_list.max()
68
>>>num_list.min()
15
```

2. 编写 Python 程序，完成字典、列表的简单应用

① 在 Python IDLE 集成环境中建立新的源程序文件，并输入如下源代码，并把此源码保存为文件 emailcontact_using_dict.py 文件。

```
#coding=utf-8
#!/usr/bin/python
# Filename: emailcontact_using_dict.py
# 'ab' is short for address book
#=======================================================
def adddelc(flag1,ab):
# Adding a key/value pair
  if flag1=='1':
    newcn=raw_input('Input new a name:')
    newce=raw_input('Input new a email address:')
    ab[newcn] = newce
    return 1
# Deleting a key/value pair
  elif flag1=='2':
    cn=raw_input('Input a deleting name:')
    if cn in ab:# OR ab.has_key('Guido')
      del ab[cn]
      return 1
# Otherwise
  else:
    return 0
#=======================================================
def nameaddprint(flag2,ab):
  if flag2==1:
    print '\nThere are %d contacts in the address-book\n' % len(ab)
    for name, address in ab.items():
      print 'Contact %s at %s' % (name, address)
  print '\n'
#=======================================================
# main
ab = {       'Wangxy'   : 'wangxy@byteofpython.info', # 定义字典 ab
          'hehg'     : 'hehg@wall.org',
```

```
                          'Matsumoto' : 'matz@ruby-lang.org',
                          'Spammer'   : 'spammer@hotmail.com'
                          }
    x=nameaddprint(1,ab)  # 调用自定义函数打印输出字典 ab
    adn=raw_input('Input 1 or 2 or Enter, 1 add a contact, 2 delete a contacts, Enter quit: ')
    action=adddelc(adn,ab)  # 调用自定义函数添加或删除字典元素（a key/value pair）
    x=nameaddprint(action,ab)  # 调用自定义函数打印输出字典
```

程序运行结果：

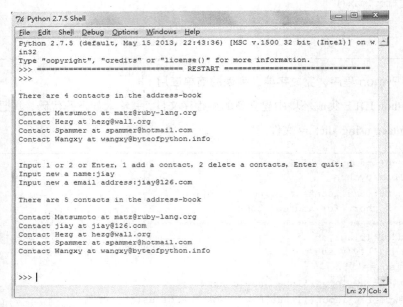

程序的二次运行结果如下：

思考：如何保存修改的内容，如新增的联系人及 email？

② 自建一个文件夹，存入一定数量的文件。在 Python IDLE 集成环境中新建源程序文件，输入如下源代码，最后将源码保存在自建的文件夹中，取名为 printfilenames_using_List.py。

```
# --- printfilenames.py ---
import os
filenames=os.listdir(os.getcwd())
for name in filenames:
  l=len(name)-name.find(".")-1
  if name<>"p2.py":
    print name[:-(l+1)]
```

注意

- 为读取磁盘上的文件名，导入 OS 模块。
- os.getcwd()可以返回一个表示当前工作文件夹的文件或文件夹的字符串。如果文件夹内有文件 file1.py file2.py file3.py，则返回值是['file1.py','file2.py','file3.py']
- 循环用 in 关键字，历遍所有文件名，并将 filenames 中的元素依次赋给局部变量 name。
- l=len(name)-name.find(".")-1 语句用于求取扩展文件名的长度，即包含几个字符。
- 打印输出时，去掉了 printfilenames.py 文件；filenames.index(name)通过返回列表里和 name 值相同的元素的索引，形成文件序列号标识（1，2，3，…）；name[:-(l+1)]则去掉文件名中的扩展文件名。

程序的一次运行结果如下：

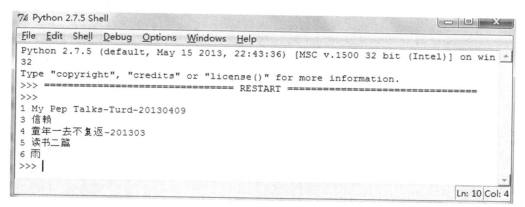

思考：如何删除 filenames 列表中的 printfilenames.py？如何将去掉扩展名的主文件名存入 filenames 列表，同时又能打印出原文件名（包含扩展名）？

四、实践与思考

1. 阐述 List、tuple、diction 的异同？

2. 自己动手查查帮助，你会发现 List、tuple、dict 这三种数据类型会有更多的用途。

3. 自己动手建一个通讯录。内容包括：姓名、电话号码、家庭住址、EMAIL 地址，想想用什么数据类型来存储比较合适，为什么？

4. 模拟输出歌曲排行榜。

任务描述如下：① 可以输出包含歌曲名、歌手名、点播次数的歌曲信息；② 可以根据点播次数输出 Top 5 排行榜；③ 可以按歌手名获取其所有歌曲名目和点播次数。限定条件：歌曲从某固定文件夹获取，文件名包含要求输出的歌曲信息（点播次数可以用随机数模拟），歌曲文件自行模拟，数量大于 15。

注意

上述习题 4 可以分组协作完成。

核心篇

    "核心篇"包括第 4 章~第 9 章,为本书的骨干内容。建议根据不同的计算机应用层次和需求,各专业方向可根据本专业的特点选定其中的部分章节或内容进行教学或学习。

    第 4 章中的"数据表示与编码"涉及数制与编码的基础知识,要求每个专业的学生认真阅读。但在 Python 环境中实现数制转换与字符编码的实验,仅供有高层次应用能力培养需求的专业的学生学习,加深对编码的认识。

    第 5 章的内容为算法基础。本章设计编写了算法基础中的各种常用算法实验。包括选择排序算法、冒泡排序算法、顺序查找算法、折半查找算法以及递推与递归算法,均要求在 Raptor 中进行设计与实现。对高层次应用能力培养需求的专业及学生,给出了 Python 参考代码,并专设实验 7,指导运用 Python 对递归与递推算法进行学习和编程实现。

    第 6 章为面向对象的程序设计。包含类、继承与多态两个小节的内容,并通过基于 Python 的 3 个基础性实验,介绍了面向对象程序设计的基本概念和在 Python 中的实现方法。本章实验供有高层次应用能力培养需求的专业的学生学习。

    第 7 章是涉及操作系统的两个实验。仅挑选了两个关于操作系统的知识点:文件的基本操作和多线程,并设计为通过 Python 编程实现,用于巩固对文件的基本操作管理和进程、线程的理解。本章实验供有高层次应用能力培养需求的专业的学生学习。

    第 8 章为数据抽象与管理,包括数据模型的基本概念、Accss 数据库的设计与建立实验、数据的完整性实验、数据库记录查询实验(包括 SQL 结构化查询),以及 MySQL 数据库的 Python 编程实验。其中,实验 1~实验 3 作为非理工类学生学习的基本要求,实验 4 供高层次应用能力培养需求的专业的学生学习。

    第 9 章为计算机网络实验,其中,实验 1 为组网和 WWW 业务实验,实验 2 为 TCP/UDP 程序实验。实验 1 要求学生全面掌握涉及 Python 编程的实验和内容,供有高层次应用能力培养需求的专业的学生学习。

第4章
数据表示与编码

4.1　预备知识

信息通常以文字或声音、图像的形式来表现，是数据按有意义的关联拓扑结构的结果。信息是需要以合适的方式表示才能够被正确理解，所以信息的表示是信息处理的第一步。

在应用层，信息就是数据所表达的结论，而在技术层，考虑更多的是它的表示形式。在科学计算和工程设计领域中，使用计算机的主要任务就是处理数字，如进行各种运算、变换等。即使是单纯进行计算，数据的表示形式除了使用传统的数之外，还可以用图形、文本等其他非数字形式。图4-1所示为数据在计算机中的表示形式转换。

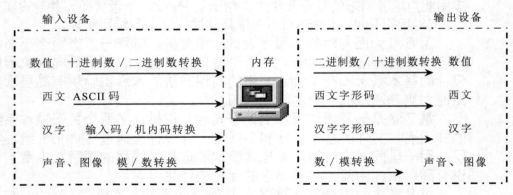

图 4-1　数据在计算机中的表示形式转换

计算机可以播放音乐和电影，这里主要的数据类型就是视频和音频信号。计算机还可以对这些数据进行处理，实现对图像和声音进行压缩、放大、缩小、旋转等各种处理。

数字是最常见的数据类型，但数字所表述的对象的属性则又有许多种。如表示日期的数字，表示时间的数字，有表示特定对象标识的数字如身份证号码，有表示各种货币的数字，也有表示国家、地区编码的数字。如银行主要处理的是数字，但它也用文本来记录账户的基本信息。

计算机需要能够处理各种数据类型。显然，使用不同的计算机处理不同的数据类型还不是一个经济问题，主要是不合实际。因此在计算机中采用了统一的数据表示方法，各种数据类型以一种计算机可以接收的形式和方法输入到计算机中，经过计算机的处理后再以需要的形式输出。

在计算机中，各种不同类型的数据全部是以"数字"形式表示的，它们有两类形式，一类就是可以直接进行数学运算的"数制"，另一类就是用来表示不同对象属性的"码制"。因此，数制和码制是计算机最基础的部分。

4.2　数制转换

实验 1　在 Python 环境中进行数制转换实验

一、实验目的
- 理解数值型数据在计算机中的存储形式。
- 熟悉十进制数与二进制数之间的转换规则。

二、实验内容与步骤
将十进制数转换为二进制数。使用除二取余、幂之和、调用系统函数三种方法实现。

1. 除二取余
（1）转换思路

首先我们必须回顾小学一年级数学：被除数÷除数=商…余数，一个任意数被基数 10 去除，那么所得余数为除的次数所对应的位数，当商为零，整个过程结束。例如，123÷10=12…3，那么第一次所得余数 3 就是个位数。依此道理，编制任意十进制整数转成二进制数的程序。

（2）编码实现

在 Python IDLE 集成环境中 New 一个新的源程序文件，输入如下源代码，并把此源码保存为"进制 1.py"文件。

```
import math
n=eval(raw_input("n:"))
def dec2bin(n):
    a=[]
    while n>0:
```

```
        n,r=divmod(n ,2)
        a.append(r)
    a.reverse()
    print a
  dec2bin(n)
```

2. 幂之和

（1）转换思路

任何一个十进制数都可以表示为 2 的幂的和，举例来说，22，最大的幂为 2^4，其指数可以表示为 int(math.log(22,2))，即对对数取整，放入列表中，接下来需要判断 22-2**4（6）是否大于 0，如果大于 0，就判断记录下 6，如果 6>2**3，就添加 1 否则添加 0，如此反复。

（2）编码实现

在 Python IDLE 集成环境中 New 一个新的源程序文件，输入如下源代码，并把此源码保存"进制 2.py"文件。

```
import math
def dec2bin1(n):
    a=[]
    p=int(math.log(n,2))
    while p>-1:
        if n>=pow(2,p):
            a.append(1)
            n=n-pow(2,p)
        else:
            a.append(0)
        p=p-1
    print a
  dec2bin1(n)
```

对以上两种程序设计进行实现，输入不同的数据进行程序测试，然后分析两种程序的设计思路。

3. 调用函数

（1）转换思路

调用函数 divmod 来实现"除二取余"的思路。

（2）编码实现

在 Python IDLE 集成环境中 New 一个新的源程序文件，输入如下源代码，并把此源码保存为"进制 3.py"文件。

```
import math
def dec2bin(string_num):
    num = int(string_num)
```

```
    mid = []
    while True:
        if num == 0: break
        num,rem = divmod(num, 2)
        mid.append(rem)

    return ''.join([str(x) for x in mid[::-1]])
 print dec2bin('9')
```

三、实践与思考

（1）编写函数实现将二进制数转换为十进制数、十六进制数。

（2）分析二进制数与十六进制数之间的关系。

4.3　字符编码

实验 2　对输入的文字进行加密并输出

一、实验目的

- 理解数值型数据在计算机中的存储形式
- 理解不同类型数据在计算机中的表示方式
- 掌握 ASCII 码和字符之间的转换的内置函数的应用

二、预备知识

计算机内部，所有的信息最终都表示为一个二进制的字符串。每个二进制位（bit）有 0 和 1 两种状态，因此 8 个二进制位就可以组合出 256 种状态，这被称为 1 字节（byte）。也就是说，1 字节一共可以用来表示 256 种不同的状态，每一个状态对应一个符号，就是 256 个符号，从 0000000 到 11111111。19 世纪 60 年代，美国制定了一套字符编码，对英语字符与二进制位之间的关系，做了统一规定。这被称为 ASCII 码，一直沿用至今。ASCII 码一共规定了 128 个字符的编码，比如空格 "SPACE" 是 32（二进制 00100000），大写的字母 A 是 65（二进制 01000001）。这 128 个符号（包括 32 个不能打印出来的控制符号），只占用了一个字节的后面 7 位，最前面的 1 位统一规定为 0。

英语字母用 128 个符号编码就够了，但是对于其他语言来说，128 个符号是远远不够的。比如，汉字总共有七千多个，它就无法用 ASCII 码表示。所以才有了其他的编码形式，各个国家纷纷制定了自己的文字编码规范，其中中文的文字编码规范 "GB2312"，它是和 ASCII 兼容的一种编码规范，一个中文字符用两个扩展 ASCII 字符来表示。要想将中文、英文、法文、德文等世界上所有的文字统一起来考虑，就需要为每个文字都分配一个单独的编码，这样 Unicode 就诞生了。Unicode 是国际组织制定的可以容纳世界上所有文字和符号的字符编码方案。

三、实验内容与步骤

在 Python IDLE 集成环境中 New 一个新的源程序文件，输入如下源代码，并把此源码保存"enc.py"文件。理解本程序中的数据加密方法。

加密原理：将每个字符的 ASCII 码加上一个数字 key 之后，显示其对应字符。如说对字符串"cat"使用 key=2 进行加密后得到字符串"ecv"。在解密的时候，秘钥和加密秘钥是相同的，如果要将字符串"ecv"使用 key=2 进行解密，就是对每个字符的 ASCII 码减去 key，可以得到"cat"。

```
def enc():
    message = raw_input("Please enter the message to encode:")
    key= int(raw_input("Please enter the key(1~10):"))
    print "Here are the ASCII codes:"
    for ch in message:  #对每一个字符转换成ASCII码
        print chr(ord(ch)+key),
    print

enc()
```

四、实践与思考

（1）理解以上 enc()函数的原理，设计编码解密函数 dec()，使得根据输入的字符串和秘钥，实现字符的解密过程。

（2）Python 乱码问题思考。GBK 编码是指中国的中文字符，它包含了简体中文与繁体中文字符，另外还有一种字符"GB2312"，这种字符仅能存储简体中文字符。UTF-8 编码是一种全国通过的编码，如果涉及多个国家的语言，应选择 UTF-8 编码。Python 默认采取的 ASCII 编码，字母、标点和其他字符只使用一个字节来表示，但对于中文字符来说，中文编码采用两个字节表示，一个字节满足不了需求，所以在输出中文的时候会出现乱码。有以下解决办法。

① 在开头部分加上以下三条语句中的一种，告诉 Python 编译器：脚本中包含了非 ASCII 字符，并未进行转换。

```
# coding = utf-8
# coding = UTF-8
# -*- coding: utf-8 -*-
```

② 做编码解码设置。encode:编码/decode:解码，对字符先按原先的方式解码，再按控制台格式重新编码。如 CMD 默认是 GBK 方式。再如字符串 s，可以对其进行操作：

s.decode('UTF-8').encode('GBK')。具体操作方法参考图 4-2 中的代码与运行结果。

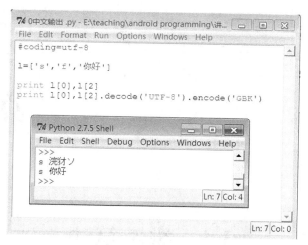

图 4-2　中文输出的编码转换实现

第 5 章
算法基础

5.1 排序算法

实验 1 选择排序算法设计及在 Raptor 中的实现

一、实验目的

- 理解分支、循环的涵义。
- 通过在 Raptor 环境下设计的算法流程，理解"选择排序"算法的思想。

二、预备知识

1. 数组及排序

数组是一组逻辑上相关数据的集合。数组中的每个数据称为数组的元素，用下标来区分。只有一个下标的数组称为一维数组，如 A(10)。有两个下标的数组称为二维数组，如 A(3,4)。

排序是计算机程序设计中的一种重要操作，通过排序可以重新排列数组元素集合或序列，其目的是将一组"无序数组"调整为"有序数组"。排序算法有很多，常用的有选择排序和冒泡排序。

2. 选择排序法

第 i 趟简单选择排序是指通过 $n-i$ 次关键字的比较，从 $n-i+1$ 个数中选出关键字最小的数，并和第 i 个数进行交换。这样共需进行 $i-1$ 趟比较，直到排序完成所有数组元素为止。对具有 n 个数的数组的直接选择排序来说，其过程可经过 $n-1$ 趟直接选择排序得到一个有序的结果。

（1）第 1 趟排序。从 n 个数中选出最小的数，与第一个数交换位置。

（2）除前 1 个数外，从其余 $n-1$ 个数中选出最小的数，与第 2 个数交换位置……

（3）除前 $n-2$ 个数外，从其余 2 个数中选出最小的数与第 $n-1$ 个数交换位置，完成最后一趟排序。图 5-1 演示了一个完整的直接选择排序过程。

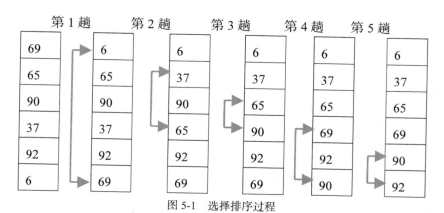

图 5-1　选择排序过程

三、实验内容与步骤

从键盘上输入 10 个正整数，按照从小到大的升序排列。利用选择排序法进行算法设计，算法流程如图 5-2 所示。

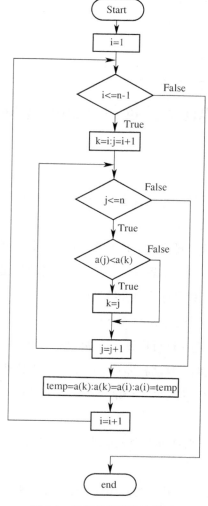

图 5-2　选择排序算法流程图

Python 代码实现如下。

```
# -* - coding: UTF-8 -* -
# 输入
a=[69,65,90,37,92,6]
print "排序前",
for i in range(0,len(a)):
    print a[i],
print

# 选择排序(从小到大排序、从前向后扫描)
for i in range(0,len(a)-1):
    k=i
    for j in range(i+1,len(a)):
        if a[j]<a[k]: k=j
    temp=a[k]
    a[k]=a[i]
    a[i]=temp

# 输出
print "排序后",
for i in range(0,len(a)):
    print a[i]
```

实验 2　冒泡排序算法设计及在 Raptor 中的实现

一、实验目的

• 理解分支、循环的涵义。

• 通过在 RAPTOR 环境下设计的算法流程，理解 "冒泡排序" 算法的思想。

二、预备知识

冒泡排序是一种简单的交换类排序方法，能够将相邻的数据元素进行交换，从而逐步将待排序序列变成有序序列。冒泡排序的基本思想是，从头扫描待排序记录序列，在扫描的过程中顺次比较相邻两个元素的大小。下面以升序为例介绍排序过程。

（1）在第一趟排序中，对 n 个记录进行如下操作。

① 对相邻的两个记录的关键字进行比较，逆序时就交换位置。

② 在扫描的过程中，不断向后移动相邻两个记录中关键字较大的记录。

③ 将待排序记录序列中的最大关键字记录交换到待排序记录序列的末尾,这也是最　大关键字记录应在的位置。

（2）进行第二趟冒泡排序，对前 n-1 个记录进行同样的操作，其结果是使次大的记录被放在第 n-1 个记录的位置上。

（3）继续进行排序工作，在后面几趟的升序处理也反复遵循了上述过程，直到排好顺序为止。如果在某一趟冒泡过程中没有发现一个逆序，就可以立刻结束冒泡排序。整个冒泡过程最多可以进行 n-1 趟。图 5-3 演示了一个完整的冒泡排序过程。

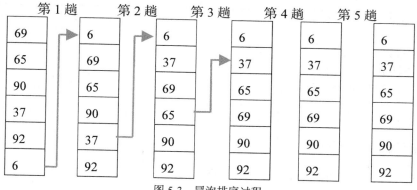

图 5-3　冒泡排序过程

三、实验内容与步骤

从键盘上输入 10 个正整数，按照从小到大的升序排列。利用冒泡排序法进行算法设计，算法流程如图 5-4 所示。

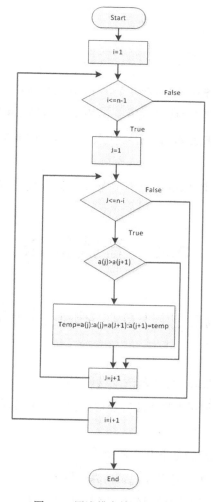

图 5-4　冒泡排序算法流程图

Python 代码实现如下。

```
# -* - coding: UTF-8 -* -
# 输入
a=[69,65,90,37,92,6]
print "排序前",
for i in range(0,len(a)):
    print a[i],
print

# 冒泡排序(从小到大排序)
for i in range(len(a),1,-1):
    for j in range(0,i-1):
        if a[j]>a[j+1]:
            temp=a[j]
            a[j]=a[j+1]
            a[j+1]=temp

# 输出
print "排序后",
for i in range(0,len(a)):
    print a[i]
```

四、实践与思考

（1）运用 Raptor 工具，系统随机生成 20 个小于 100 的正整数，分别完成"选择排序法""冒泡排序法"的算法流程，运行各自的算法程序，查看运行结果和运算次数。

（2）在 Raptor 环境中进行反复试验，思考在数组元素超过多少时，能体现"冒泡排序法"的算法优势。

（3）针对（1）中的问题，用 Python 分别实现"选择排序法"和"冒泡排序法"的算法代码。

5.2 查找算法

实验 3 顺序查找算法设计及在 Raptor 中的实现

一、实验目的

- 了解顺序查找的基本思想、应用范围及设计方法。
- 在 Raptor 环境下，能利用查找算法的设计流程和解决问题。

二、预备知识

在学习查找之前，需要先理解如下几个概念。

（1）列表是由同一类型的数据元素或记录构成的集合。

（2）关键字是数据元素的某个数据项的值，能够标识列表中的一个或一组数据元素。如果一个关键字能够唯一标识列表中的一个数据元素，则称其为主关键字，否则称为次关键字。当数据元素中仅有数据项时，数据元素的值就是关键字。

（3）查找：根据指定的关键字的值，在某个列表中查找与关键字值相同的数据元素，并返回该数据元素在列表中的位置。如果找到该数据元素，则查找是成功的，否则查找就是失败的，此时应返回空地址及失败信息。最基本的查找算法有顺序查找、折半查找。

顺序查找法的特点是逐一比较指定的关键字与数据列表中各个数，一直到查找成功或失败为止。在程序中，查找是否成功可用一个逻辑型变量 Found 来做为标志。

三、实验内容与步骤

把 10 个随机生成的 2 位整数存入数组 a，运用顺序查找法查找数 Key。其算法流程如图 5-5 所示。

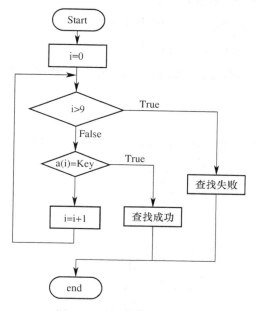

图 5-5　顺序查找算法流程图

Python 代码实现如下。

```
# -* - coding: UTF-8 -* -

key=32     # 输入要查找的数字
a=[2,5,12,34,56,78,1,32,10,45,561,1023,19,67]

i=0
found=0
while (i<=len(a)-1 and found==0):
    if a[i]==key: found=1
    i=i+1

if (found==1):
    print '数组中值等于',key,'下标为',i-1
else:
    print '该数组中没有值等于',key,'的元素'
```

实验 4　折半查找算法设计及在 Raptor 中的实现

一、实验目的

- 了解折半查找算法的基本思想、应用范围及设计方法。
- 在 Raptor 环境下，能利用查找算法的设计流程分析和解决问题。

二、预备知识

折半查找法又被称为二分法查找，此方法要求待查找的数据列表必须是有序的数据列表。在数组 a 中每次折半操作是通过指定其左边界 L，右边界 R，中间位置 M 来完成，其查找过程如下。

（1）关键字 Key=a(M)，则查找成功，结束查找。

（2）如果 Key<a(M)，应取 R=M−1，再进行下一步查找。

（3）如果 Key>a(M)，应取 L=M+1，再进行下一步查找。

（4）重复以上过程，一直到找到满足条件的记录为止时表明查找成功。如果最终子表不存在，则表明查找不成功。

三、实验内容与步骤

把 10 个随机生成的 2 位整数存入数组 a，运用折半查找法查找数 Key。其算法流程如图 5-6 所示。

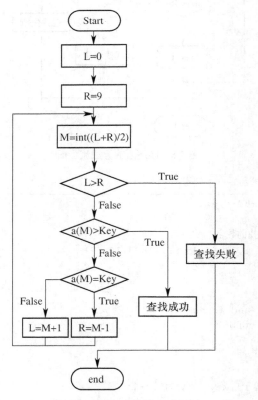

图 5-6　折半查找算法流程图

Python 代码实现如下。

```
# -* - coding: UTF-8 -* -

key=32    # 输入要查找的数字
a=[2,5,12,34,56,78,1,32,10,45,561,1023,19,67]
a.sort()  # 排序（由小到大）

print "排序后",
for i in range(0,len(a)):
    print a[i],
print

# 折半查找
found=0
top=len(a)-1
bot=0
while (top>=bot and found==0):
    mid=(top+bot)//2     # 整除
    if key<a[mid]:
        top=mid-1
    elif key>a[mid]:
        bot=mid+1
    else:
        found=1

# 输出结果
if (found==1):
    print '数组中值等于',key,'下标为',mid
else:
    print '该数组中没有值等于',key,'的元素'
```

四、实践与思考

（1）在 Raptor 环境中，分别完成"顺序查找法""折半查找法"的算法设计，运行各自的算法程序，查看运行结果和运算次数。

（2）思考采用"折半查找法"的前提条件，并在 Raptor 环境中进行反复试验，找到在数组元素超过多少时，能体现"折半查找法"的算法优势。

（3）针对（1）中的问题，用 python 分别实现"选择排序法"和"折半查找法"的算法代码。

5.3　迭代（递推）算法

实验 5　斐波那契数列与素数问题

一、实验目的

- 理解迭代（递推）法的基本思想。

- 在 Raptor 环境下，能利用迭代法的思想分析问题并设计算法流程。

二、预备知识

迭代法也叫递推法或辗转法，是一种不断用变量的旧值递推出变量的新值的过程。迭代算法是用计算机解决问题的一种基本方法。它利用计算机运算速度快、适合做重复性操作的特点，让计算机对一组步骤进行重复执行，在每次执行这组步骤时，都从变量的原值推出它的一个新值。

在使用迭代算法解决问题时，需要做好以下三个工作。

（1）确定迭代变量及初始值

在可使用迭代算法解决的问题中，至少存在一个迭代变量，同时确定好其变量的初始值。

（2）建立迭代关系式

迭代关系式是指如何从变量的前一个值推出其下一个值的公式或关系。通常可以使用递推或倒推的方式建立迭代关系式，迭代关系式的建立是解决问题的关键。

（3）对迭代过程进行控制

编写迭代算法时，必须确定在什么时候结束迭代过程，不能让迭代过程无休止地重复执行下去。

三、实验内容与步骤

1. 斐波那契数列

斐波那契(Fibonacci)数列问题就是一个典型的迭代算法。Fibonacci 数列的前 2 个数据项都是 1，从第 3 个数据项开始，其后的每个数据项都是其前面的 2 个数据项之和。

（1）算法分析

根据数列的定义，可分别进行以下三方面的工作。

① 可确定出迭代变量和初值。

假设数列的第 1 项为 f_1 和第 2 项为 f_2，f_3 表示第 3 项，…依此类推，f_n 表示第 n 项。初始值为：$f_1 = f_2 = 1$。

② 建立迭代关系式。

由于从第 3 项开始，其后的每一项都是其前两项之和，由此可以确定为：$f_n = f_{n-1} + f_{n-2}$（n≥3）。

③ 对迭代过程进行控制。

为了反复使用迭代公式，根据①、②，可以在每个数据项求出后，将 f_1、f_2、f_3 顺次向后移动一个数据项，即将 f_2 值赋给 f_1，f_3 的值赋给 f_2，从而构成如下迭代语句公式：

$$f_3 = f_1 + f_2; \quad f_1 = f_2; f_2 = f_3$$

反复使用该语句序列，迭代次数超过 10，就结束迭代过程。

（2）算法步骤

如要用计算机来输出斐波那契数列的前 10 项，其算法步骤如下。

```
Start
  i←3
  f1,f2←1
  output f1,f2
  While (i<=10) do
      f3←f1+f2
      output f3
      i←i+1
      f1←f2
      f2←f3
  end while
End
```

2. 素数问题

判断一个正整数是否是素数，如果是，则输出 Yes，否则输出 No。素数是指只能被 1 和它本身整除的数。判别方法为：将 $n(n>2)$ 作为被除数，用 $2\sim(n-1)$ 之间的各个整数轮流去除，如果都不能整除，则 n 为素数。

算法描述如下。

步骤 1：输入 n 的值。

步骤 2：令 flag 为 1。

步骤 3：令 j=2(j 为除数)。

步骤 4：如果 j≤$(n-1)$，并且 flag 为 1，则

如果 n mod j=0，则令 flag 为 0；

j 的值递增 1；

返回第 4 步的开头继续执行。

步骤 5：如果 flag 的值为 0，则 n 不是素数，输出 No，否则输出 Yes；

在这个求素数的过程中，j 从 2 一直到 $n-1$ 次，需要迭代 $n-3$ 次。当然在实际编程时，可减少迭代的次数，通常为 floor(sqrt(n))次。

四、实践与思考

（1）在 Raptor 环境中输出斐波那契数列的前 10 项，完成此算法设计，并查看运行结果和运算次数。

（2）参照上述素数问题的算法描述，在 Raptor 环境中完成此算法的流程图，在程序的执行过程中观察变量 flag 的值和运算次数。

（3）猴子吃桃问题：猴子第一天摘下若干只桃子，当即吃了一半后又多吃了一个。第二天又将剩下的桃子吃掉一半后再多吃了一个。以后每天都吃了前一天剩下的一半加一个，到第 10 天早上想再吃时，只剩下一个桃子了，求第一天共摘了多少个桃子？在 Raptor 环境中完成此算法设计，

并在程序的执行过程中查看运行结果和运算次数。

5.4 递归算法

实验 6 使用递归算法求 $n!$

一、实验目的

- 理解递归算法的基本思想。
- 在 Raptor 环境下，能利用递归算法的思想分析和解决问题。

二、预备知识

递归的实质是一种简化复杂问题求解的方法，它将问题简化直至趋于已知条件。递归算法实际上是把问题转化为规模缩小了的同类问题的子问题，然后再递归调用函数或过程来表示问题的解。在使用递归算法时，应注意以下几点。

（1）递归是在过程或函数中调用自身的过程。

（2）在使用递归策略时，必须有一个明确的递归结束条件，称为递归口。

三、实验内容与步骤

使用递归算法求 $n!$

问题分析：假设求整数 5 的阶乘，在求解的时候可将 fac（5）分解为求 5*fac（4），将求 fac（4）分解为求 5*fac（3），…，然后程序进入一个回溯过程，由 fac（1）等于 1 求得 fac（2），fac（2）求得 fac（3），….最后由 fac（4）求得 fac（5），函数递归调用结束。如图 5-7 所示。

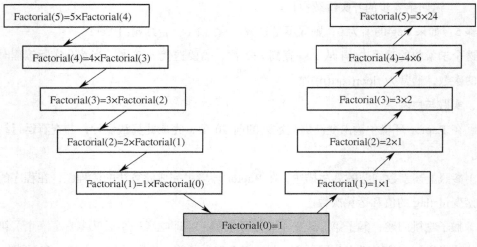

图 5-7 计算阶乘的递归步骤

从以上分析可知，n!问题的递归函数和递归结束条件为：

求 n! 算法的自然语言描述如下：

$$Factorial(n) = \begin{cases} 1 & n = 0 \\ n \times Factorial(n-1) & n > 0 \end{cases}$$

步骤 1：使 p=1

步骤 2：使 i=1

步骤 3：输入任意大的正整数 n

步骤 4：把 p*i 的乘积放入 p 中

步骤 5：把 i+1 的值再放回 i 中

步骤 6：如果 i 小于 n，返回执行步骤 4，反之进入下一步

步骤 7：输出 p 中存放的 n!值

使用递归算法求 n!的程序实现如下。

```
# -* - coding: UTF-8 -* -

# 阶乘函数
def factorial(n):
    if n==1:
        return 1
    else:
        return n*factorial(n-1)

# 主程序
x = 5      #输入 x
print factorial(x)
```

四、实践与思考

（1）在 Raptor 中，编写并运行求解任意正整数 n!算法流程。

（2）求两个正整数 m 和 n 的最大公约数，可用以下公式表示：

$$Gcd(m,n) = \begin{cases} n = 0 & r = 0 \\ Gcd(n,r) & r \neq 0 \end{cases} \qquad \text{其中 } r = m \text{ Mod } n$$

然后在 Raptor 编程环境中完成此算法，在程序的执行过程中观察 r 值的变化情况。

（3）已知 x^n 可用公式表示为：$x^n = \begin{cases} x & n = 1 \\ x \times x^{n-1} & n > 1 \end{cases}$

定义一个递归函数 $f(x,n)$ 用于求 x^n 的值，假定 $n = 5$，参照图 5-7，求 2^5 的递归过程。

5.5 Python 环境中的递归与递推实现

实验 7 斐波那契数列和阶乘的递归求解

一、实验目的
- 理解递归的实现原理；
- 通过设计递归函数的 Python 实现。

二、预备知识
递归是数学上分治法的基础。递归算法是计算机程序设计中常用的算法之一，简单的描述递归就是：有这样一组语句，它们的功能与表达式完全一致且能够收敛于一个最简语句，于是将这一过程创建于函数中，再利用函数的自身调用完成运算。

三、实验内容与步骤

1. 使用递归、递推的方法输出斐波那契数列中的第 *n* 个数

斐波那契数列的递归求解，将此代码用"递归-斐波那契数列.py"和"递推-斐波那契数列.py"名称保存。

① 使用斐波那契数列函数递归程序实现：

```python
# 斐波那契数列函数递归
def fac(n):
    if n==1:
        return 1
    if n==2:
        return 1
    else:
        return fac(n-1)+fac(n-2)


# 主程序
x = input("Pls input a number:")        #输入 x（斐波那契数列第 x 项）
print fac(x)
```

程序分析：

在递归函数实现的过程中，通常函数内部会直接或者间接的调用函数本身，fac 函数中通过表达式 fac(n) =fac(n-1)+fac(n-2)规则将问题本身的规模不断缩小，以达到收敛的效果；此外，递归必须有个递归出口保障函数能够执行终止。

② 使用斐波那契数列函数递推程序实现：

```
# 斐波那契数列函数递推
def fab(n):
    f1=1
    f2=1
    for i in range(3,n+1):
        f=f1+f2
        f1=f2
        f2=f
    return f


# 主程序
x = 8      #输入 x（斐波那契数列第 x 项）
print fab(x)
```

2. 使用递归、递推的方法输出 n 的阶乘

将代码用"递归-阶乘.py"和"递推-阶乘.py"名称保存。

使用 for 循环程序实现：

#for 循环实现-判断一个整数是否为素数

```
import math

def isP(x):
    if x==1 or x==2:
        return True
    elif x%2==0 :
        return False
    else:
        for n in range(3,int(math.sqrt(x)+2),2):
            if x%n==0 :
                return False
        return True

print '75',isP(75),'.'
```

使用 while 循环程序实现：

```
# while 循环实现-判断一个整数是否为素数
def IsP(n):
    j = 2
    while (j<n):
        a = n % j
        if (a==0):
            return False
            break
        j = j + 1
    else:
```

```
            return True
    print '75',IsP(75),'.'
```

四、实践与思考

（1）理解递归与递推的区别。

（2）递归实现时的注意事项：

① 递归就是在过程或函数里面调用自身；

② 在使用递归时，必须有一个明确的递归结束条件，称为递归出口。

第 6 章
类与面向对象

6.1　面向对象基础

实验 1　Python 中的类

一、实验目的

- 理解类与对象的基本概念。
- 掌握 Python 中定义类、创建对象、调用对象的方法与简单应用。

二、预备知识

面向对象的概念：程序设计中在对数据进行处理时，如果待处理的数据具有一定的紧密关联并且所进行的处理操作相对固定，就可以把这个数据整体作为一个处理对象。简单来说，面向对象就是把数据及对数据的操作方法放在一起，作为一个相互依存的整体对象。

类的概念：对同类对象抽象出其共性，形成类。类中的大多数数据，只能用本类的方法进行处理。类通过一个简单的外部接口与外界发生关系，对象与对象之间通过消息进行通信。

例如：人类就是所有人的对象抽象出来的一个具有一定意义的概念，而某个人，如"张飞"就是人类的一个实例，是一个对象。

面向对象编程是把所有事物都从对象角度考虑，不去考虑一些具体的细节过程，如今已经得到了非常广泛的应用，常见的 Java、VC、Python 都属于面向对象的编程，下面介绍一些面向对象编程的一些基本概念。

（1）面向对象编程的基本概念

对象可以使用普通的属于对象的变量存储数据。属于一个对象或类的变量被称为"域"。对象也可以使用属于类的函数来具有功能。这样的函数被称为类的"方法"。这些术语帮助我们把它们与孤立的函数和变量区分开来。域和方法可以合称为类的属性。

域有两种类型：属于每个实例/类的对象或属于类本身。它们分别被称为"实例变量"和"类变量"。

（2）面向过程与面向对象编程

程序设计过程中，根据操作数据的函数或语句块来设计程序的。这被称为"面向过程的"编程。还有一种把数据和功能结合起来，用称为对象的东西包裹起来组织程序的方法。这种方法称为"面向对象的"编程理念。在大多数时候你可以面向过程编程，但是有些时候当你想要编写大型程序或是寻求一个更加合适的解决方案的时候，你就得使用面向对象的编程技术。

（3）类的定义与实例创建

类使用 class 关键字创建。类的域和方法被列在一个缩进块中。

self 参数：类的方法与普通的函数只有一个特别的区别——它们必须有一个额外的一个参数名称，但是在调用这个方法的时候并不为这个参数赋值，Python 会提供这个值。这个特别的变量指向对象本身，按照惯例它的名称是 self。

```
class Person:                    #创建一个 Person 类
    def sayHi(self):             #创建 sayHi 方法
        print 'Hello, how are you?'

p = Person()                     #实例化一个对象 p
p.sayHi()                        #调用了 sayHi 方法
print p                          #将对象 p 的内存地址打印出来
```

（4）构造函数与析构函数

构造函数：在建立一个对象时系统自动调用，作某些初始化的工作（例如对数据赋予初值）。

析构函数：当一个类的对象离开作用域时，析构函数将被调用(系统自动调用)。析构函数的作用是完成一个清理工作，如释放从堆中分配的内存。

Python 的构造函数是 __init__()，析构函数是 __del__()

一个类中可以有多个构造函数，但析构函数只能有一个。对象被析构的顺序，与其建立时的顺序相反，即后构造的对象先析构。

```
class Person:
    population = 0                   #population 是类变量
    def __init__(self, name):        #构造函数，其中 name 是对象变量
        self.name = name
        Person.population += 1
        print '创建了 %s, 目前有 %s 人' %(self.name, Person.population)
    def __del__(self):               #析构函数
        Person.population -= 1
        print '删除了 %s, 目前有 %s 人' %(self.name, Person.population)

p1 = Person('张飞')                  #自动调用__init__()方法
p2 = Person('李逵')                  #自动调用__init__()方法
del p1                               #自动调用__del__()方法
del p2                               #自动调用__del__()方法
```

程序的一次运行结果如下：

（5）类变量与对象变量

"域"有两种类型：类的变量和对象的变量，它们根据是类还是对象拥有这个变量而区分。

类的变量：由一个类的所有对象（实例）共享使用。只有一个类变量的拷贝，所以当某个对象对类的变量做了改动的时候，这个改动会反映到所有其他的实例上。

对象的变量：由类的每个对象/实例拥有。因此每个对象有自己对这个域的一份拷贝，即它们不是共享的，在同一个类的不同实例中，虽然对象的变量有相同的名称，但是是互不相关的。上例中，population 是类变量，name 是对象变量。

三、实验内容与步骤

（1）在 Python 环境中输入如下源代码，并把此源码保存为 emailcontact_using_class.py 文件。

```
class ab:
 def __init__(self,name,email):
     self.name=name
     self.email=email
 def printc(self):
     print self.name,self.email
 def updatename(self,name1):
     self.name=name1
 def updateemail(self,email1):
     self.email=email1
c=ab('Spammer', 'spammer@hotmail.com')
c.printc()
c.updateemail('Spam@wail.org')
c.printc()
```

程序的一次运行结果如下：

（2）编写 Python 程序实现栈。在 Python 环境中输入如下源代码，并把此源码保存为 stack_using_class.py 文件。

```python
class Stack:
    def __init__(self,size = 16):
        self.stack = []
        self.size = size
        self.top = -1
    def setSize(self, size):
        self.size = size
    def isEmpty(self):
        if self.top == -1:
            return True
        else:
            return False
    def isFull(self):
        if self.top +1 == self.size:
            return True
        else:
            return False
    def top(self):
        if self.isEmpty():
            raise Exception("StackIsEmpty")
        else:
            return self.stack[self.top]
    def push(self,obj):
        if self.isFull():
            raise Exception("StackOverFlow")
        else:
            self.stack.append(obj)
            self.top +=1
    def pop(self):
        if self.isEmpty():
            raise Exception("StackIsEmpty")
        else:
            self.top -= 1
            return self.stack.pop()
    def show(self):
        print(self.stack)

s=Stack(5)
for i in range(1,6):
    s.push(i)
    s.show()
s.pop()
s.show()
s.push(6)
s.show()
```

程序的一次运行结果如下：

四、实践与思考

1. 思考用类编写程序，比起用函数的方式有什么异同？你觉得哪种方式更好？说说你的理由？

2. 面向对象编程的好处是可以自己去编写类，然后可以应用于多个对象，也就是达到简化代码结构、方便模块化的代码编写、简化复杂的逻辑等功能。尝试编写一个简单的应用程序，可采用面向对象的方法和非面向对象的方法实现，体会面向对象的优缺点。

6.2　继承与多态

实验 2　Python 中的继承

一、实验目的

- 在掌握类的基本设计基础上，理解类的继承关系。
- 练习使用 Python 编写父类与子类。

二、预备知识

继承的思想很容易理解，比如现实生活中，儿子继承父亲的产业，儿子就不需要从头创业了，儿子当然不能坐吃山空，要做的事情就是扩大业务。类的继承也是同样的道理，被继承类称为父类，这个新类称为子类。子类可以从父类那里继承一些属性和方法，子类就不需要重新进行定义。但是，通常子类要进行扩展，即添加新的属性和方法。这使得子类要比父类大，且更具有特殊性，代表着更具体的对象。

类的继承的实现：当建立一个新的子类时，不必写出全部成员属性和成员方法。只要简单地声明这个类是从一个已定义的类继承下来的，就可以引用被继承类的全部属性和方法。子类可根据需要对它们加以修改，新类还可添加新的属性和方法。多态实现了动态绑定，让程序有了很好的扩展性。

三、实验内容与步骤

（1）定义类 Student

```
class Student:
    def __init__(self,ID,name):
        self.ID=ID
        self.name=name
    def printID(self):
        print(self.ID)
    def printname(self):
        print(self.name)
```

（2）定义类 Undergraduate，继承并扩展类 Student

```
class Undergraduate (Student):
    def __init__(self,ID,name,age,mark):
        Student.__init__(self,ID,name)
        self.age=age
        self.mark=mark
    def printage(self):
        print(self.age)
    def printmark(self):
        print(self.mark)
```

（3）创建对象实例

```
Zhang=Student("2013001","Zhang")
Wang=Undergraduate ("2013002","Wang",20,80)
```

（4）调用对象的方法

```
Zhang.printID()
Zhang.printname()
Wang.printID()
Wang.printname()
Wang.printage()
Wang.printmark()
```

观察子类 Undergraduate，其不仅具有父类 Student 的属性 ID 和 name，还定义了新的属性 age 和 mark。在程序中调用了父类的 printID 和 printname 方法，同时可以看出子类也具有该方法。

四、实践与思考

1. 思考继承的优点和缺点。

2. 假定根据学生的 3 门学位课程的分数决定其是否可以拿到学位，对于本科生，如果 3 门课程的平均分数超过 60 分即表示通过，而对于研究生，则需要平均超过 75 分才能够通过。根据上述要求，请完成以下类的设计：

（1）定义一个父类 Student 描述学生的共同特征。

（2）定义一个描述本科生的子类 Undergraduate，该类继承并扩展 Student 类。

（3）定义一个描述研究生的子类 Graduate，该类继承并扩展 Student 类。

（4）分别创建本科生和研究生这两个类的对象实例，并输出相关信息。

实验 3　Python 中的多态

一、实验目的

• 理解多态的概念。

• 使用 Python 进行类重载和覆盖的练习。

二、预备知识

多态，顾名思义，就是指多种形态。首先介绍 2 个例子来帮助理解多态的含义。

例子 1：这里仍然举父子继承的例子，当儿子继承父业的时候，可以直接继承父亲的业务不做任何改动（一般继承），可以对某个业务进行重新改装（覆盖），也可以对某个业务进行扩展改进（重载）。但是请注意，无论重新改装业务还是对原有业务进行扩展，名字都是相同的，如果名字不同就算是新创的业务了。这里值得提出的是 Python 中的函数继承与其他程序设计语言稍有不同。

例子 2：人类是一个类，这个类可以派生中国人类、美国人类，如果有一个方法叫做"讲本土语言"，那么中国人和每个人的"讲本土语言"就不同了，就是"讲本土语言"的两种形态了。

在面向对象程序设计中，类多态指类的同一个方法可以有多种不同的表现形式。在面向对象编程多态的含义是指，一个对象不仅仅可以已本身的类型存在，也可以作为其父类类型存在。一个基类的引用符，可以指向多种派生类对象，具有多种不同的形态，这种现象叫多态性。

（1）面向对象的多态性

面向对象的多态性为类方法设计提供多种的形态，多态是面向对象编程的精髓所在，利用多态性可以自由地在相同父类的不同子类对象之间自由地切换。并且在类的设计中，可用相同的"方法（函数）"名称、不同的参数来设计"方法（函数）"，为设计提供便利。

（2）多态的形式

多态有两种形式：重载（overload）和覆盖（override）。前者是为了让同一个函数名（方法名）匹配不同的参数；后者是指在相同名称的函数（方法）和参数，在不同的类中（父类，子类），有不同的实现。

三、实验内容与步骤

1. 重载（overload）

（1）类重载函数的实现

```
class User:
    def logon(self,username="",password=""):
```

```
        if username=="":
            print "用户名空!"
        elif password=="":
            print "密码空!"
        else:
            print "用户名:"+username
            print "密码:"+password
#创建对象实例
u=User()
#调用对象的方法
u.logon()
u.logon("Zhang")
u.logon("Zhang","123456")
```

Python 在类当中就是通过类似 logon(self,username="",password="")这样的带缺省值的函数，来分别代表 logon(self), logon(self,username), logon(self,username,password)等不同个数参数的重载函数。运行效果如下。

```
74 Python 2.7.5 Shell                                    [_][□][x]
File Edit Shell Debug Options Windows Help
Python 2.7.5 (default, May 15 2013, 22:43:36) [MSC v.1500 32 bit (Intel)] on win
32
Type "copyright", "credits" or "license()" for more information.
>>> =============================== RESTART ===============================
>>>
用户名空!
密码空!
用户名:Zhang
密码:123456
>>>
                                                          Ln: 2 Col: 0
```

（2）类继承中重载函数的实现

```
class animal(object):
    def __init__(self):
        print 'animal...'
    def say(self):
        print 'animal yell'
class dog(animal):
    def __init__(self):
        animal.__init__(self)
        print 'dog...'
    def say(self,p=""):
        animal.say(self)
        print 'wang wang!',p
if __name__ == '__main__':
    c = dog()
    c.say('gou!')
    c.say()
```

程序的一次执行结果如下：

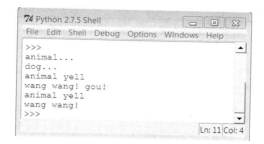

（3）覆盖（override）

```
class animal(object):
    def __init__(self):
        print 'animal...'
    def say(self):
        print 'animal yell'
class dog(animal):
    def __init__(self):
        animal.__init__(self)
        print 'dog...'
    def say(self):
        animal.say(self)
        print 'wang wang!'
if __name__ == '__main__':
    c = dog()
    c.say()
```

其执行效果如下:

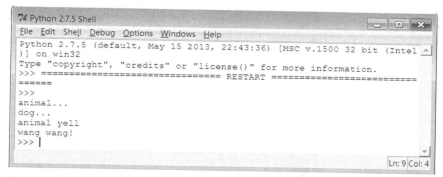

观察子类 dog，其父类 animal 定义了成员函数 say (self)，子类也定义了该函数。即父类和子类的函数参数形式完全一样，但实现是不同的。在子类继承父类时，同名的函数会被覆盖（子类覆盖父类），通过"父类类名.父类方法(子类对象)"的方式可以访问父类被覆盖的方法。

四、实践与思考

1. 什么是多态？面向对象程序设计为什么要引进多态的特性？使用多态有什么优点？

2. 重载（overload）和覆盖（override）的区别是什么？

3. class dog 中的方法 say 在覆盖和重载实现的时候有什么不同？

4. 分析以下程序的输出结果。

```
class aa:
    def get(self):
        return 5
class bb(aa):
    def get(self):
        return 3
def getNum(cc):
    print cc.get()
getNum(aa())
getNum(bb())
```

5. 若有兴趣，请对比 C++的函数重载和 Python 不同版本的函数重载有何异同。

6. 系统自带函数重载示例如下。

```
7% Python 2.7.5 Shell
File  Edit  Shell  Debug  Options  Windows  Help
Python 2.7.5 (default, May 15 2013, 22:43:36) [MSC v.1500 32 bit (Intel)] on win
32
Type "copyright", "credits" or "license()" for more information.
>>> print max(1,3,2,12,2)
12
>>> print max(1,3,2)
3
>>>
                                                                      Ln: 7 Col: 4
```

思考：系统自带的函数 max()的实现，理解运算符重载的含义。

第7章
操作系统

7.1 文件高级操作

实验1 通过 Python 程序设计实现对文件操作的实验

一、实验目的

- 通过 Python 程序设计实现对文本文件的创建、删除。
- 通过 Python 程序设计实现对文本文件内容的读写。

二、预备知识

Python 中打开文件操作函数是 open，例如 f=open('/tmp/hello','w')，open 函数的语法规则是：

```
#open（路径+文件名，读写模式）
#读写模式：r 只读，r+读写，w 新建（会覆盖原有文件），a 追加，b 二进制文件。常用模式如'rb','wb','r+b'等。
```

三、实验内容与步骤

1. 实验内容

（1）通过 Python 程序设计列出当前目录下的所有文本文件，删除用户指定的文件，创建新的文本文件。

（2）通过 Python 程序设计实现指定文件内容的读取、追加。

2. 实验步骤

（1）在 Python IDLE 集成环境中 New（新建）一个新的源程序文件，输入如下源代码，并把此源码保存为 "file1.py" 文件。理解文件的创建、删除的方法。

```
import os
def show_txt():
    cwd=os.getcwd()#当前的工作路径
```

```
    txt_list=[]
    print'当前工作路径下的所有文本文件:'
    for txt in os.listdir(cwd):
        #通过 splitext()取得文件的后缀
        if os.path.splitext(txt)[1].lower() =='.txt':
            txt_list.append(txt)
            print txt


show_txt()
print 'print 1 for delete'
print 'print 2 for create: ',
opnum=int(raw_input())
if opnum==1:
    print'请输入以上任意一个文件名:',
    fn=raw_input()
    if os.path.exists(fn):
        os.remove(fn)
    else:
        print "not exist"
else:
    print'请输入新文件名:',
    fn=raw_input()
    f=open(fn,'w')
show_txt()
```

（2）在 Python IDLE 集成环境中 New（新建）一个新的源程序文件，输入如下源代码，并把此源码保存为"file2.py"文件。理解文件内容的读取和写入的方法。

```
import os,string
def show_txt():
    cwd=os.getcwd()
    txt_list=[]
    print'当前工作路径下的所有文本文件:'
    for txt in os.listdir(cwd):
        #通过 splitext()取得文件的后缀
        if os.path.splitext(txt)[1].lower() =='.txt':
            txt_list.append(txt)
            print txt
def writef(fn,fc):
    outfile = open(fn,'w')
    data = outfile.write(fc)
    outfile.close
def readf(fn):
    infile = open(fn, 'r')
    line = infile.readline()
    while line!="":
        print line
        line = infile.readline()
    infile.close()
show_txt()
```

```
fn=raw_input("请输入要读取的文件的名字：")
readf(fn)
fn=raw_input("请输入要写入的文件的名字：")
fc=raw_input("请输入要写入的文件的内容：")
writef(fn,fc)
```

四、实践与思考

（1）文件读写完毕后没有 close（关闭），会有什么样的后果?原因是什么?

（2）尝试编写一个实现查找当前目录下的所有 py 源码文件，并将文件名保存在一个文本文件中。

7.2　操作系统的多线程

实验 2　多线程编程实验

一、实验目的

- 理解操作系统的处理机管理中的多线程并发调度原理。
- 了解 Python 的多线程编程。

二、预备知识

1. 进程的基本特征

（1）独立性。进程是系统中独立存在的实体，可以拥有自己独立的资源。

（2）动态性。进程和程序的区别在于，程序只是一个静态的指令集合，而进程是一个正在系统中活动的指令集合。由于在程序中加入了时间概念，进程具有自己的生命周期和各种不同的状态，这些概念是程序不具备的。

（3）并发性。多个进程可以在单个处理器上并发执行，多个进程之间不会互相影响。

2. 线程的基本概念

线程是进程的细化，犹如 CPU 的指令系统下还有微指令。线程也被称为轻量级进程（Lightweight Process），线程是进程的执行单元。线程是进程的组成部分，一个进程可以拥有多个线程，一个线程必须有一个父进程。线程可以拥有自己的堆、栈、程序计数器、局部变量，但不能拥有系统资源，它与父进程的其他线程共享该进程所有的资源。

综上所述，一个程序运行时至少有一个进程，一个进程可以包含多个线程，至少包含一个线程。

3. Threading

Threading 基于 Java 的线程模型设计。锁（Lock）和条件变量（Condition）在 Java 中是对象的基本行为（每一个对象都自带了锁和条件变量），而在 Python 中则是独立的对象。Java Thread

中的部分功能被 Python 在 Threading 中以模块方法的形式提供。

Threading 模块提供的类有 Thread、Lock、Rlock、Condition、[Bounded]Semaphore、Event、Timer、local。

RLock（可重入锁）是一个可以被同一个线程请求多次的同步指令。处于锁定状态 acquire() 时，RLock 被某个线程拥有。拥有 RLock 的线程可以再次调用 acquire()，释放锁时需要调用 release()，这里需要提醒的是锁定和释放次数必须一一对应，否则系统出错，线程控制失败。

所谓锁定和释放一一对应你可以这样理解，RLock 包含一个锁定池和一个初始值为 0 的计数器，每次成功调用 acquire()或 release()，计数器将+1 或−1，为 0 时锁处于未锁定状态。图 7-1 所示为线程锁定和释放过程

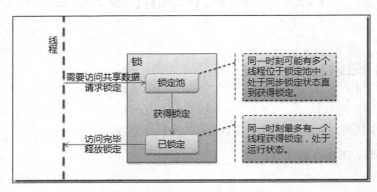

图 7-1　线程锁定和释放过程

三、实验内容与步骤

1. 实验内容

编制并运行一个多线程程序：模拟一个人并发制作"醋溜白菜"和"青椒牛肉"过程。

任务描述：在 Windows 7、Linux 这些通用分时操作系统的处理机管理中，把计算任务抽象成"进程"和"线程"的处理单元（1 个进程包含 1 个以上的线程）。线程是处理机调度的基本单元，这些"线程"按照时间片轮转轮流使用 CPU 以并发方式完成各自任务。本任务要模拟两个线程：一个是"做醋溜白菜"，另一个是"做青椒牛肉"。具体描述如下。

（1）假设你是一个厨师（等同于一个单硬件线程 CPU），同一时刻只能处理一件事情。你需要制作"醋溜白菜"和"青椒牛肉"这两道菜。厨师等同于 CPU，这两道菜的制作过程代表两个线程，即"做醋溜白菜"和"做青椒牛肉"两个线程。

（2）"做醋溜白菜"线程包含三个阶段：洗白菜、切白菜、炒白菜。"做青椒牛肉"线程也包含三个阶段：清洗牛肉、切青椒和牛肉（以下简写为"切牛肉"）、炒牛肉。

（3）一个厨师在一段时间内做好这两道菜有两种常规的做法：一种是采用"串行"（即单任务单线程）方式，先彻底完成了一道菜后再做另外一道菜，采用"洗白菜→切白菜→炒白菜→洗牛肉→切牛肉→炒牛肉"的制作流程。一种是采用"并发"（即单任务多线程方式），在制作这两道

菜的过程中采用"分段交替"的方式，采用"洗白菜→洗牛肉→切白菜→切牛肉→炒白菜→炒牛肉"的制作流程。现代分时操作系统通常采用"并发"处理机管理模式，通过这种"并发"模式，用户可以同时启动多个应用程序，在"一段时间内"感觉到这些应用程序是"同时"运行的。殊不知，本质上只是操作系统把这些应用程序任务分割成一系列的"执行时间片"，然后采用"轮流交替"的方式执行它们。"并发"的本质是"宏观上的并行、微观上的串行"。

（4）假定上述两个不同执行线程的每个制作阶段的执行时间都为 4 秒。即洗白菜、炒白菜、切白菜、洗牛肉、切牛肉、炒牛肉等阶段所消耗厨师的时间为 4 秒。

2. 实验步骤

（1）在 Python IDLE 集成环境中 New（新建）一个新的源程序文件，输入如下源代码，并把此源码保存为 multi-thread-lock.py 文件。

```
import threading
from time import sleep, ctime

lock = threading.RLock()

#定义做醋溜白菜线程对应的执行过程
def cookingCabbage():
    lock.acquire()
    print '\n 做醋溜白菜开始 at:', ctime(), "\n"
    print '洗白菜 at:', ctime(), "\n"
    sleep(4)
    lock.release()
    sleep(1)

    lock.acquire()
    print '切白菜 at:', ctime(), "\n"
    sleep(4)
    lock.release()
    sleep(1)
    lock.acquire()
    print '炒白菜 at:', ctime(), "\n"
    sleep(4)
    print '醋溜白菜出炉 at:', ctime(), "\n"
    lock.release()
#定义做青椒牛肉线程对应的执行过程

def cookingBeef():
    lock.acquire()
    print '\n 做青椒牛肉开始 at:', ctime(), "\n"
    print '洗牛肉 at:', ctime(), "\n"
    sleep(4)
    lock.release()
    sleep(1)
```

```
    lock.acquire()
    print '切牛肉 at:', ctime(), "\n"
    sleep(4)
    lock.release()
    sleep(1)

    lock.acquire()
    print '炒牛肉 at:', ctime(), "\n"
    sleep(4)
    print '青椒牛肉出炉 at:', ctime(), "\n"
    lock.release()

def main():
    print 'Main start at:', ctime(), "\n"
    t1 = threading.Thread(target=cookingCabbage)
    t2 = threading.Thread(target=cookingBeef)
    #启动"做醋溜白菜"线程
    t1.start()
    #启动"做青椒牛肉"线程
    t2.start()
    t1.join()
    t2.join()
    print 'Main done at:',ctime(), "\n"
if __name__ == '__main__':
    main()
```

注：sleep（4）用来模拟线程执行阶段的执行时间，在实际线程执行过程中，它由不确定时间的指令集合构成。lock.acquire 和 lock.release 为线程互斥锁。

（2）程序的运行结果如下。

```
Python 2.7.5 (default, May 15 2013, 22:44:16) [MSC v.1500 64 bit (AMD64)] on win
32
Type "copyright", "credits" or "license()" for more information.
>>> ============================ RESTART ============================
>>>
Main start at: Tue Aug 06 16:12:15 2013

做醋溜白菜开始 at: Tue Aug 06 16:12:15 2013

洗白菜 at: Tue Aug 06 16:12:15 2013

做青椒牛肉开始 at: Tue Aug 06 16:12:19 2013

洗牛肉 at: Tue Aug 06 16:12:19 2013

切白菜 at: Tue Aug 06 16:12:23 2013

切牛肉 at: Tue Aug 06 16:12:27 2013

炒白菜 at: Tue Aug 06 16:12:31 2013

醋溜白菜出炉 at: Tue Aug 06 16:12:35 2013

炒牛肉 at: Tue Aug 06 16:12:35 2013

青椒牛肉出炉 at: Tue Aug 06 16:12:39 2013

Main done at: Tue Aug 06 16:12:39 2013

>>> |
```

（3）打开任务管理器观察一个 pythonw.exe 的线程数目在执行上述两个线程过程期间的变化情况。

四、实践与思考

（1）在上述程序中为什么要用 lock.acquire 和 lock.release 进行线程互斥操作呢？如果把所有 lock.acquire 和 lock.release 语句删除或者改为注释（用#进行注释），执行结果有何不同呢？为什么？

（2）如何把上述"交替"执行线程执行过程改为纯粹的"串行"执行过程？请说明理由。

（3）用 lock.acquire 和 lock.release 的观点解释春运铁路购票过程。

（4）搜索临界区概念，以此评价进程（线程）的应用价值。

第 8 章
数据抽象与管理

8.1 设计数据模型及数据库

实验 1 数据模型及数据库设计实验

一、实验目的
- 理解与掌握建立数据模型的思路及方法。
- 掌握数据库的设计原则与设计步骤。

二、预备知识
模型是对现实世界的抽象。在数据库技术中,人们通过数据模型来描述数据库的结构和语义,通常在建立一个数据模型时,首先要建立一个以实体为对象的"概念数据模型",然后将概念模型转换为 DBMS 支持的"数据结构模型"(简称数据模型),如图 8-1 所示。

"概念数据模型"是独立于计算机系统的数据模型,它不涉及信息在计算中的表示。概念数据模型是对现实世界的第一层抽象,是用户和设计人员交流的工具,主要用于数据库设计。常用的概念模型是实体-联系模型(E-R 模型)。该模型从现实世界中抽象出实体类型及实体间联系,然后用"实体-联系图"(E-R 图)来标

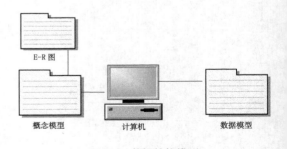

图 8-1 数据结构模型

识概念模型。建立概念数据模型涉及实体、属性、码及联系等术语。

(1)实体。现实世界中客观存在并可相互区分的事物。如一个学生、一门课。

(2)属性。描述实体所具有的特征。属性的具体取值称为属性值。

(3)码。实体某些属性可用来唯一标识区分各个实体,这种属性称为码(键)。

（4）联系。实体之间的相互关系称为联系。两个实体之间的联系分为"一对一联系""一对多联系""多对多联系"三种类型。

"数据结构模型"是用户从数据库中看到的模型，是机器世界中具体的 DBMS 所支持的数据模型。数据结构模型包括层次模型、网状模型和关系模型。而关系模型是数据库系统最常用的一种数据模型。关系模型用"二维表"来表示实体和实体之间的联系。关系是一张二维表格，表中的行对应于数据记录（一个实体实例），表中的列对应于实体的属性。整个数据库由多张关系表组成。

关系模型提供了关系、属性、码、域等建模元素，数据库设计人员可从 E-R 图出发，将 E-R 图转换为一系列关系表，这些关系表组成关系数据库。其中关系模式通常可以简记为：关系名（属性 1，属性 2，…，属性 n）。

三、实验内容与步骤

1. 概念模型设计

概念模型设计包括数据抽象、确定实体、属性和码。图 8-2 所示为一张原始的学生成绩登记表，根据表中提供的信息，可抽象出"学生"实体和"课程"实体。学生实体的属性为：（<u>学号</u>、姓名、性别、籍贯、出生日期、政治面貌、入学总分），其中学号为码。课程实体的属性为：（<u>课程编号</u>、课程名称、课程类别、学分），其中课程编号为码。同时，"学生"实体和"课程"实体之间存在联系。根据学生成绩管理的业务逻辑，确定如图 8-3 所示的学生成绩管理的 E-R 图。

学号	姓名	性别	籍贯	出生日期	政治面貌	入学总分	课程编号	课程名称	课程类别	学分	分数
20060101	王海	男	江西	1985-5-10	群众	701	CJ001	微积分	基础课	4	95
20060102	张敏	男	福建	1986-12-1	中共党员	721	CJ001	微积分	基础课	4	80
20060103	李正军	男	广东	1985-11-3	群众	703	CJ001	微积分	基础课	4	70
20060104	王芳	女	广东	1987-4-3	中共党员	680	CJ001	微积分	基础课	4	75
20060105	谢聚军	男	江苏	1989-11-21	群众	640	CJ001	微积分	基础课	4	79
20060106	王亮亮	男	湖南	1989-10-23	中共党员	680	CJ001	微积分	基础课	4	66
20060107	陈杨	男	湖北	1988-9-29	群众	690	CJ001	微积分	基础课	4	97
20060108	何苗	男	安徽	1988-8-24	中共党员	650	CJ001	微积分	基础课	4	63
20060109	韩纪锋	男	福建	1990-2-1	中共党员	680	CJ001	微积分	基础课	4	71
20060110	张华析	男	海南	1988-6-13	中共党员	721	CJ001	微积分	基础课	4	93
20060101	王海	男	江西	1985-5-10	群众	701	CJ002	计算机基础	基础课	4	85
20060102	张敏	男	福建	1986-12-1	中共党员	721	CJ002	计算机基础	基础课	4	90
20060103	李正军	男	广东	1985-11-3	群众	703	CJ002	计算机基础	基础课	4	88
20060104	王芳	女	广东	1987-4-3	中共党员	680	CJ002	计算机基础	基础课	4	78
20060105	谢聚军	男	江苏	1989-11-21	群众	640	CJ002	计算机基础	基础课	4	87
20060106	王亮亮	男	湖南	1989-10-23	中共党员	680	CJ002	计算机基础	基础课	4	89
20060107	陈杨	男	湖北	1988-9-29	群众	690	CJ002	计算机基础	基础课	4	64
20060108	何苗	男	安徽	1988-8-24	中共党员	650	CJ002	计算机基础	基础课	4	76
20060109	韩纪锋	男	福建	1990-2-1	中共党员	680	CJ002	计算机基础	基础课	4	80

图 8-2　学生成绩登记表

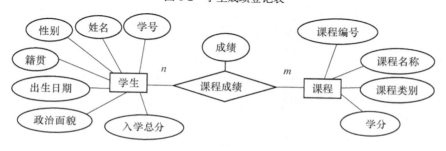

图 8-3　概念模型 E-R 图

2. 数据模型的设计

数据模型设计就是把 E-R 图转换为关系数据模型。将 E-R 图转换为关系模型就是将实体、实体属性和实体之间的联系转化为关系，并确定关系的属性和码。这种转换按下面的原则进行。

（1）一个实体转换为一个关系，实体的属性就是关系的属性，实体码是关系的码。如把"课程"实体转换为关系后为：课程（课程编号、课程名称、课程类别、学分），带下划线的属性为关系的码。

（2）关系模型只能直接描述 1:1 联系和 1:n 联系。对于 $m:n$ 联系将由一个关系和二个 1:n 联系来代替。如上述学生选课关系转换为：课程成绩（课程编号，学号，成绩）。

① 学生关系和课程成绩之间存在 1:n 联系。

② 课程和课程成绩之间存在 1:m 联系。

在 Access 数据库中，关系模型的实现主要包括：

① 一个关系对应一张表，定义表名。

② 一个属性对应一个字段，定义字段名、数据类型、字段大小等。

③ 码对应键，包括主键、候选键（通过唯一性索引实现）。

四、实践与思考

1. 概念模型的建立

（1）根据如图 8-4 所示的三张表结构，抽象出其实体，联系及各自的属性，建立其概念模型 E-R 图。并回答"学生"实体和"课程"实体之间的联系是属于哪一种类型的联系，说明理由。

学生表

学号	姓名	性别	籍贯	出生日期	入学总分	住校否	爱好特长	简历
2012010001	郑含因	女	广东广州	1994-2-6	712	☐	钢琴、美术	◆ 专业技能
2012010002	李伯仁	男	湖南长沙	1993-6-16	695	☑	书画、国画	专业技能：
2012010003	陈醉	男	辽宁沈阳	1994-6-12	653	☑		
2012010004	夏雪	女	广西玉林	1993-5-18	641	☑		
2012030001	魏文鼎	男	湖南株洲	1994-4-16	684	☑		
2012030002	李文如	男	山东青岛	1994-2-23	645	☑		
2012050001	古琴	女	广东广州	1994-8-15	692	☐		
2012050002	冯雨	男	北京通县	1995-12-12	701	☑	足球，篮球	
2012050003	丁秋宜	女	广西桂林	1994-1-19	703	☐	舞蹈，唱歌	
2012050004	雷鸣	男	北京丰台	1993-10-20	591	☑	球类，游泳	

课程表

课程编号	课程名称	课程类别	学分
006100	经济数学1	必修	2
006101	经济数学2	必修	2
006102	大学计算机基础	必修	3
006103	线性代数	必修	2
006104	概率论与数理统计	必修	2
006201	程序设计基础	必修	3
006202	会计电算化	必修	3
007067	大学生社交礼仪	选修	2
100153	大学英语	必修	4
111477	日本文化	选修	2
130045	公共关系	选修	2
201370	国际保险	选修	3
201467	期货贸易	选修	2
202040	企业资产评估	选修	2
210060	企业管理实务	必修	3
240550	基础会计学	必修	4
241344	税务会计	必修	3
241441	纳税检查	必修	3
251347	计算机网络	选修	3
260049	房地产法律制度	必修	2
310060	普通物理学	必修	2
350164	数据库技术与应用	必修	2
700143	体育	必修	1
700151	政治经济学	必修	3
700153	经济学原理	必修	3
700156	会计学原理	必修	4

成绩表

学号	课程编号	修读学期	成绩
2012010001	006102	1	86
2012010001	006201	1	82
2012010001	111477	1	90
2012010001	240550	2	75
2012010001	260049	3	80
2012010001	310060	4	90
2012010001	700143	4	85
2012010001	700153	4	90
2012010002	006102	1	91
2012010002	006201	1	80
2012010002	202040	2	85
2012010002	240550	2	80
2012010002	241344	1	80
2012010002	310060	1	85
2012010002	700143	4	85
2012010002	700153	4	90
2012010003	006102	1	79
2012010003	006103	1	76
2012010003	006201	1	92
2012010003	210060	2	75
2012010003	240550	2	55
2012010003	241344	1	75
2012010003	700143	4	80
2012010003	700153	4	70
2012010004	006102	1	93
2012010004	006104	1	51
2012010004	006202	1	72
2012010004	240550	2	80
2012010004	241344	1	80
2012010004	241441	3	90

图 8-4 三张表

（2）将上面的概念模型转化为关系数据模型，分别写出转换后的关系表达式。

2. 数据模型的建立

（1）创建文件名为"学生成绩管理"的数据库。

在 Access 中创建一个数据库就是创建一个扩展名为.accdb 的数据库文件。

打开 Access 2010，在"开始使用 Microsoft Office Access"页中的"新建空白数据库"区域，单击"空白数据库"，新建"学生成绩管理.accdb" 空白数据库，保存在自建的文件夹中。后续的新建对象，如表、查询等，也需保存，但不再产生新的文件，所创建和修改的结果将自动地被保存在数据库文件中。

（2） 创建"学生"表"课程"表和"成绩"表。

创建表包含两部分工作，一是在分析实际问题的相关主题基础上，依据建表原则定义表结构，二是在数据库管理系统的支持下将表建立起来。

根据前面给出的三张表，在"学生成绩管理.accdb"数据库中，利用建表工具中的"设计视图"建立"学生"表、"课程"表和"成绩"表的列名（字段名称）。在数据库中创建新表时，Access 会自动为用户创建一个字段名为 ID 的主键，有关主键的设置操作将在下一个实验介绍。

（3）完成本实验后，回答数据库设计主要分为哪几个阶段，阐述每个阶段的要点是什么。

8.2　数据库的完整性

实验 2　数据的完整性实验

一、实验目的

• 理解完整性的涵义及掌握主键、主索引、候选索引的设置。
• 掌握参照完整性及字段有效性规则的设置方法。

二、预备知识

数据完整性约束是一组完整性规则的集合。它定义了数据模型必须遵守的语义约束，也规定了根据数据模型所构建的数据库中数据内部及数据彼此间联系所必须满足的语义约束。完整性约束是数据库系统必须遵守的约束，它限定了根据数据模型所构建的数据库的状态及状态的变化，以维护数据库中的数据的正确性、有效性和相容性。Access 数据库的完整性主要包括以下三个方面。

1. 字段值的完整性

在 Access 中主要是通过设置字段的数据类型约束和字段属性约束来达到这一目标。数据类型决定了用户能保存的值的种类，如果用户输入的数据与字段规定的类型不一致，Access 就不会存储该数据。设置字段属性约束主要是设置字段的有效性规则，是对表中指定字段对应的数据操作设置约束条件。在对表中数据进行操作时，若不符合字段的有效性规则，系统将显示提示信息，并强迫将光标停留在该字段所在的位置，直到数据符合字段有效性规则为止。

2. 实体完整性

实体的完整性主要通过设置主键来完成。主键是表中为每行记录提供唯一标识的字段或字段集。建立主键后，当用户再对主键进行更新操作时，系统会做出检查，一旦发现主键字段值有数据重复或为空的情况时，即给用户做出提示，并拒绝更新操作，从而保证实体的完整性。

3. 参照完整性

Access 中，信息分布在不同的表中，用户可使用主键字段和外键字段建立表间的关联。Access 在建立表间关联时提供了参照完整性的设置。用户在为两表建立关联时可选择是否实施参照完整性，如选择实施则进一步可设置是否实施级联删除和级联更新。这样当用户进行更新或删除操作时，系统可根据关系中的设置将相关表中的数据进行级联更新或删除。

三、实验内容与步骤

1. 设置字段属性

打开在上一个实验建立的"学生成绩管理"数据库。在"设计视图"中依次对"学生"表、"课程"表和"成绩"表进行字段设置，即对各字段的字段类型、字段大小、有效性规则和字段的其他属性等进行设置，具体要求如表 8-1、表 8-2 和表 8-3 所示。

表 8-1　　　　　　　　　　　学生表

字段名称	数据类型	字段大小	有效性规则	必填字段	允许空字符串
学号	文本	10		是	否
姓名	文本	4		是	否
性别	文本	1	男 Or 女	是	否
籍贯	文本	10			
出生日期	日期/时间				
入学总分	数字	整型	>=0 And <=900		
住校否	是/否				
爱好特长	文本	10			
简历	备注				
照片	OLE				

表 8-2　　　　　　　　　　　　　　　　　　　课程表

字段名称	数据类型	字段大小	有效性规则	必填字段	允许空字符串
课程编号	文本	6		是	否
课程名称	文本	20		是	否
课程类别	文本	2	必修 Or 选修		
学分	数字	整型	>0		

表 8-3　　　　　　　　　　　　　　　　　　　成绩表

字段名称	数据类型	字段大小	有效性规则	必填字段	允许空字符串
学号	文本	10		是	否
课程编号	文本	6		是	否
修读学期	数字	字节	In (1,2,3,4,5,6,7,8)		
成绩	数字	字节	Between 0 And 100		

注：在设置有效性规则时，须建立条件表达式，涉及一些特殊运算符，如 In，Between，Like 等。其中 In(val_1,val_2,…)__确定某个值是否在一组值内。Like "***"__判断字符串是否符合"样式"，若符合，其结果为 True，否则结果为 False，"样式"中可使用通配符。Between val_1 And val_2__确定某个值是否在指定的 val_1 到 val_2 的范围内，val_1 和 val_2 必须具有相同的数据类型。

2. 更改主键及数据入库

（1）在"设计视图"窗口中，依次将"学生"表中的主键更改为"学号"字段、"课程"表的主键更改为"课程编号"字段、"成绩"表中的主键更改为"学号"和"课程编号"两个字段的组合；同时删除 3 张表中原有的 ID 字段。

（2）导入外部数据。将 Excel 文件 Student. xlsx 中的学生、课程、成绩三个工作表中的数据分别追加导入到当前数据库中的学生、课程、成绩三个表中。

3. 建立表间关系，设置参照完整性约束

（1）利用数据库工具，以"学生"表和"成绩"表中的"学号"为关联字段，创建一对多关系，以"课程"表和"成绩"表中的"课程编号"为关联字段，创建一对多关系。（操作提示：单击"功能区"中的"数据库工具"选项卡下"显示/隐藏"组中的"关系"按钮，即可建立表间关系。）

（2）在建立"学生"表和"成绩"表的一对多关系时，在"编辑关系"对话框中，选择"实施参照完整性"复选框、"级联更新相关字段"复选框和"级联删除相关记录"复选框。

（3）打开"学生"表和"成绩"表，分别查看学号为"2009040008"的学生记录，然后在"学生"表把"2009040008"的学号改为"2009140018"，然后再浏览"成绩"表中的学号为"2009040008"的学生记录，看其是否跟着发生了更改。

4. 数据库的维护

打开"学生成绩管理"数据库，单击"Office 按钮"指向"管理"，在"管理此数据库"下，把备份数据库保存在自建的文件夹中。

四、实践与思考

（1）独立完成"学生成绩管理"数据完整性的设置。

（2）完成本实验后，回答 Excel 数据列表和 Access 数据表在表达数据完整性方面有什么不同点。

8.3　数据查询与统计分析

实验 3　数据库记录查询实验

一、实验目的

- 掌握创建选择查询的方法。
- 掌握查询条件的设置及在查询中的计算。
- 掌握基本的 SQL 中 Select 语句的使用。

二、预备知识

查询是 Access 对象之一。通过查询，用户可在一个或多个数据表中查找和检索到满足条件的数据。选择查询功能是根据用户所指定的查询条件，从一个或多个数据表中获取数据并显示结果，可对记录进行分组汇总（如求总计、计数、平均值等）。如何设置查询条件是创建选择查询的关键。查询条件的设置是通过输入条件表达式来确定的。

创建查询主要有"使用向导"创建、使用"设计视图"创建及使用 SQL 语句创建等三种方法。在"设计视图"中创建的方法为基本方法，适合于任何有条件的查询。SQL 查询提供了 Select 语句用于数据查询，它是功能最强也最为复杂的 SQL 语句，它不但可以建立简单查询，还可以实现条件查询、分组统计、多表联接查询等。

查询"设计视图"分为上下两部分。上半部分为数据源窗口，用于显示查询所涉及的数据源，可以是数据表或查询，并且显示这些表之间的关系；下半部分是查询定义窗口，也称为 QBE 网格。

SQL(Structured Query Language)结构化查询语言是一种非过程化查询语言，它的功能包括数据定义、数据操纵、数据查询和数据控制四个部分。其中数据库的查询功能是数据库的核心功能，SQL 使用 Select 语句进行数据库的查询。

Select 语句的一般格式如下：

Select [All|Distinct]<目标列表达式> from <表名或视图名>

[Where<条件表达式>]

[Group by<列名 1>[Having<条件表达式>]]

[Order By <列名 2>];

其中：

Select 子句：指定要显示的属性列；

From 子句：指定查询对象（基本表或视图）；

Where 子句：指定查询条件；

Group By 子句：对查询结果按指定列值分组，该属性列值相等的记录为一组；

Having 子句：对汇总结果进行二次筛选；

Order By 子句：对查询结果表按指定列值的升序或降序排序。

三、实验内容与步骤

打开"学生成绩管理"数据库，完成相关查询操作。

（1）在"设计视图"中创建一个选择查询，从"学生"表中查找所有男同学的记录，要求在查询中显示"学号""姓名""性别"和"籍贯"字段，查询名称为"男生查询"。

① 选择"创建"选项卡，单击"其他"选项组中的"查询设计"按钮。

② 在"显示表"对话框中，双击"学生"表，将该表添加到查询中，然后单击"关闭"按钮。

③ 添加查询所需的字段。根据题目要显示的查询结果和要设置的查询条件确定需要添加的字段。在查询设计视图窗口上方窗格中，将"学号""姓名""性别"和"籍贯"字段分别拖到 QBE 网格的字段行。

④ 设置查询条件。在 QBE 网格的"性别"列所对应的"条件"行输入"男"。

⑤ 选择"视图"列表中的"数据表视图"或单击"结果"选项组中"运行"命令，以查看选择查询的运行结果。

（2）在"设计视图"中创建一个选择查询，在"学生表"中查询 1994—1995 年出生的女生的学号、姓名和出生日期，并将查询结果按"出生日期"字段降序排序显示，查询名称为"94-95女生查询"。

设置查询条件时，可在"出生日期"所对应的条件行中输入 year([出生日期]) Between 1994 and 1995。

（3）在"设计视图"中创建一个选择查询，从"学生"表中查找姓李或陈的男同学的记录，查询名称为"姓李或陈的男生查询"。

设置查询条件时，可在"姓名"列对应的"条件"行输入 Like "[李陈]*"。

（4）在查询中计算。在设计选择查询时，除了进行条件设置外，还可以进行计算。

① 在"学生表"中查询学生的总人数，查询结果保存为"学生总人数"。

② 根据"课程表"和"成绩表"查询各门课程的平均分，在查询结果中显示课程名称和平均分，要求平均分保留一位小数，查询结果保存为"课程平均分"。

③ 根据"学生表"、"成绩表"查询每个学生的平均分，在查询结果中显示姓名、学号、平均分，要求平均分保留一位小数，查询结果保存为"学生平均分"。

关键点提示。②为在查询中进行分组统计计算。选择"设计"选项卡中"显示/隐藏"组的"汇总"按钮，在 QBE 网格中将"课程名称"的"总计"行设置为"Group By"选项，用于分组；将"成绩"列的"总计"行设置为"平均值"选项。③的操作步骤与②相同。

四、实践与思考

打开"学生成绩管理"数据库，使用 Select 语句完成以下查询操作（要求把其对应的 Select 语句写在每小题下面的空白处）：

① 查询学生的基本信息（包括学号、姓名、籍贯及出生日期）。

② 查询全体学生的姓名及其年龄。

③ 查询所有年龄在 19 岁的学生学号、姓名及其年龄。

④ 查询选修了"大学计算机基础"的学生人数和平均成绩。

⑤ 查询选修编号为"006201"和"350164"两门课程的学生姓名、学号、成绩。

8.4　MySQL 数据库

Access 属于 Office 系列，是一种简单易学、使用方便的数据库，价格较贵。MySQL 数据库则是免费的数据库。MySQL 数据库可以称得上是目前运行速度最快的 SQL 语言数据库。除了具有许多其他数据库所不具备的功能和选择之外，MySQL 数据库是一种完全免费的产品，用户可以直接从网上下载数据库，用于个人或商业用途，而不必支付任何费用。MySQL 数据库的使用较为广泛，本实验使用 Python 程序设计语言来调用 MySQL 数据库，实现对数据库的创建、访问。

实验 4　MySQL 数据库编程实验

一、实验目的

- 使用 Python 进行 MySQL 数据库编程，实现对数据库的访问。
- 掌握简单的 SQL 语句的使用方法。

二、预备知识

数据库用于存放格式化的数据，便于应用程序快速地对数据进行存取，数据库是实现自动化信息处理的第一步。应用程序通过各种数据库接口来与数据库通信，ADO、ODBC、OLE_DB 就是几种常见的数据库接口，不同的数据库会有不同的数据库驱动程序，数据库接口会调用数据库驱动程序来读取数据库里的数据，如图 8-5 所示。

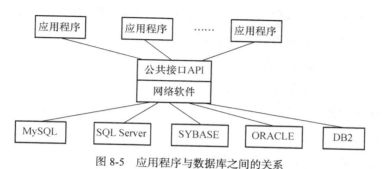

图 8-5 应用程序与数据库之间的关系

本实验中，使用 Python 程序设计语言对 MySQL 数据库进行访问，通过建立与数据库之间的连接、数据操纵、关闭数据库连接等操纵熟悉数据库的使用。

MySQL 是一种关系型数据库管理系统，它小巧、运行效率高且支持标准的 SQL 语言，同时又具有良好的跨平台特性。MySQL 数据库服务器安装完毕后，可随时通过手工方式在本机上对其进行启动和关闭。具体操作为，在 Windows 开始菜单最下方的搜索框内输入 "services.msc"，接着会弹出本地服务列表，然后找到并选中服务列表中的 "MySQL" 服务，此时可使用 "关闭" "暂停" 和 "启动" 等功能按钮对其操作。如果想要开机自动启动就把启动类型改成自动，否则改成手动。

MySQL 数据库访问步骤如下。

（1）通过调用 connect 函数建立与 MySQL 数据库服务器的连接。该函数返回一个数据库的连接对象，通过该连接对象访问数据库。

数据库的连接对象可以进行的主要操作如下。

execute(SQL 语句)：执行 SQL 语句。

cursor()：创建一个游标。

commit()：事务提交。

rollback()：事务回滚。

close()：关闭数据库连接。

（2）选择要对其进行操作的数据库。

（3）通过游标执行相应的数据库操作，包括对数据的添加、删除、修改和查询等。游标是通过调用连接对象的 cursor() 函数创建的，它提供了一种对从表检索出的数据进行操作的灵活手段，其实际上是一种能从包括多条数据记录的结果集中，每次提取一条记录的机制。游标总是与一条SQL语句相关联，由结果集和结果集中指向特定记录的游标位置组成。当对结果集进行处理时，必须创建一个指向该结果集的游标。

游标可以进行的主要操作如下。

execute(SQL 语句)：执行 SQL 语句。

fetchall()：返回一个列表，其中包含查询结果集中所有尚未取回的行。

fetchone()：以元组方式返回查询结果集的下一行。

Description：返回结果集的列名。

（4）关闭与 MySQL 数据库服务器的连接。

三、实验内容与步骤

1. 实验内容

（1）建立与 MySQL 数据库服务器的连接。

（2）选择要对其进行操作的数据库。

（3）执行相应的数据库操作，包括对数据的添加、删除、修改和查询等。

（4）关闭与 MySQL 数据库服务器的连接。

2. 实验步骤

（1）创建表并且插入数据

```
#coding=utf-8
import MySQLdb
conn = MySQLdb.connect(host="localhost",user="root",passwd="jucc123456")
print "数据库连接成功!"
conn.select_db('test')
print "数据库选择成功!"
cur = conn.cursor()
#建表
cur.execute("CREATE TABLE IF NOT EXISTS Students(Id Int, Name Char(25))")
#以下插入了 5 条记录的数据
cur.execute("INSERT INTO Students(Id,Name) VALUES(1,'Jack London')")
cur.execute("INSERT INTO Students(Id,Name) VALUES(2,'Honore de Balzac')")
cur.execute("INSERT INTO Students(Id,Name) VALUES(3,'Lion Feuchtwanger')")
cur.execute("INSERT INTO Students(Id,Name) VALUES(4,'Emile Zola')")
cur.execute("INSERT INTO Students(Id,Name) VALUES(5,'Truman Capote')")
#查询
count=cur.execute("SELECT * FROM Students")
print "总共有"+str(count)+"条记录"
#使用 fetchall 函数，将结果集（多维元组）存入 rows 里面
rows = cur.fetchall()
```

```
#依次遍历结果集，发现每个元素，就是表中的一条记录，用一个元组来显示
for row in rows:
    print row[0],row[1]
#提交事务，要不然不能真正的插入数据
conn.commit()
cur.close
conn.close
```

运行结果：

```
1 Jack London
2 Honore de Balzac
3 Lion Feuchtwanger
4 Emile Zola
5 Truman Capote
```

（2）修改表

```
#coding=utf-8
import MySQLdb
conn = MySQLdb.connect(host="localhost",user="root",passwd="jucc123456")
print "数据库连接成功!"
conn.select_db('test')
print "数据库选择成功!"
cur = conn.cursor()
cur.execute("UPDATE Students SET Name = %s WHERE Id = %s",
        ("Guy de Maupasant", "4"))
#使用 cur.rowcount 获取影响了多少行
print "Number of rows updated: %d" % cur.rowcount
#执行查询
cur.execute("SELECT * FROM Students")
#使用 cur.rowcount 获取结果集的条数
numrows = int(cur.rowcount)
#循环 numrows 次，每次取出一行数据
for i in range(numrows):
    #每次取出一行，放到 row 中，这是一个元组(id,name)
    row = cur.fetchone()
    #直接输出两个元素
    print row[0], row[1]
cur.close
conn.close
```

四、实践与思考

（1）分析 cur.execute 语句，理解 SQL 语句与程序的关系。

（2）理解以下语句的作用。

```
conn.commit()
cur.close
conn.close
```

如果缺少这些语句会有什么样的后果?

第9章
计算机网络

9.1 计算机网络基础概述

计算机网络是指将地理位置不同且功能相对独立的多个计算机系统通过通信线路相互连在一起、由专门的网络操作系统进行管理，以实现资源共享的系统。"地理位置不同"是指计算机网络中的计算机通常都处于不同的地理位置。"功能相对独立"是指相互连接的计算机之间不存在互为依赖的关系。"网络操作系统"是指使得功能相对独立的计算机之间实现有效的资源共享，提供具备网络软、硬件资源管理功能的系统软件。因此，组建计算机网络的根本目的是为了实现资源共享。这里的资源既包括计算机网络中的硬件资源，如磁盘空间、打印机、绘图仪等，也包括软件资源，如程序、数据等。如果简单地概括计算机网络的定义，我们可以说，计算机网络是一些相互连接的、以共享资源为目的的、自治的计算机的集合。

如果从其规模来分类，计算机网络可划分为局域网（Local Area Network，LAN）、城域网（Metropolitan Area Network, MAN）和广域网（Wide Area Network, WAN）。局域网覆盖范围大约是几千米以内，如一幢大楼内或一个校园内。局域网通常为使用单位所有。学校的实验室或中小型公司的网络通常都属于局域网。互联网是一个虚拟的网络，本质上是各种局域网的互联。

网络协议是为计算机网络中进行数据交换而建立的规则、标准或约定的集合，也是网络上所有设备（网络服务器、计算机及交换机、路由器、防火墙等）之间通信规则的集合。网络协议有三个要素，即语义、语法和时序。语义是解释控制信息每个部分的意义。它规定了需要发出何种控制信息，以及完成的动作与做出什么样的响应。语法是用户数据与控制信息的结构与格式，以及数据出现的顺序。时序是对事件发生顺序的详细说明，也可称为"同步"。我们可以形象地把这三个要素描述为语义表示要做什么，语法表示要怎么做，时序表示做的顺序如何。

伴随着计算机网络的发展，目前已经开发了许多网络协议，但是只有少数设计得较好，较容易被实现，有较好技术支持的协议被保留了下来，而这些保留下来的协议经历了时间的考验并成为有效的计算机网络通信方法。当今局域网中最常见的三个协议是 NetBEUI、Novell 的 IPX/SPX 和跨平台 TCP/IP。

TCP/IP（Transmission Control Protocol/ Internet Protocol）是因特网最基本的协议、因特网国际互联网络的基础，由网络层的 IP 协议和传输层的 TCP 协议组成。TCP/IP 定义了电子设备如何连入因特网，以及数据如何在它们之间传输的标准。协议采用了 4 层的层级结构，每一层都呼叫它的下一层所提供的协议来完成自己的需求。简单来说，TCP 负责发现传输的问题，一有问题就发出信号，要求重新传输，直到所有数据安全正确地传输到目的地。而 IP 则给因特网的每一台计算机规定一个地址。UDP 是指面向无连接的通信协议，UDP 数据包括目的端口号和源端口号信息，由于通信不需要连接，所以可以实现广播发送。UDP 通信时不需要接收方确认，属于不可靠的传输，可能会出现丢包现象，实际应用中要求程序员编程验证。与 TCP 相比，UDP 可靠性较差、传输效率很高，适用于单次传输、对可靠性要求不高的应用环境。例如，QQ 在使用 UDP 发送消息时，会出现接收不到消息的情况。

9.2　网络组网和 WWW 业务

实验 1　组网和 WWW 业务实验

一、实验目的

- 在 Cisco 仿真软件 Packet Tracer 下进行静态路由配置。
- 能够利用 Packet Tracer 实现简单网络的配置模拟。

二、预备知识

Packet Tracer 是由 Cisco 公司发布的一个辅助学习工具，为学习思科网络课程的初学者去设计、配置网络，排除网络故障提供了网络模拟环境。用户可以在软件的图形用户界面上直接使用拖曳方法建立网络拓扑，并可提供数据包在网络中行进的详细处理过程，观察网络实时运行情况，可以学习 IOS 的配置、锻炼故障排查能力。

三、实验内容与步骤

使用 Packet Tracer 5.3 构建一个模拟的 IP 网络，包含主机、交换机、DNS 服务器、Web 服务器、网络连接线等实体；Web 服务器域名为 www.jnu.edu.cn，通过一台主机的模拟浏览器输入 http://www.jnu.edu.cn，能够显示主页信息，并且通过 Packet Tracer 的仿真环境能够跟踪和分析数据分组内容。其目的是通过本实验让学生了解网络的组网结构，通过分析分组的传递过程和分层信息内容来理解网络的分层模型。

1.　实验内容

（1）本实验要求学生跟随老师一起完成。老师通过投影展示组网结构的组建过程，学生跟随老师一起完成。

（2）配置客户端主机、JNU WEB 服务器、DNS 服务器相关配置信息。例如 IP 地址、网络掩码、DNS 服务器地址、相关网络服务等。

（3）修改 JNU WEB 服务器相关主页网页内容，使之在访问时显示"JNU"或者"Jinan University"提示信息。

（4）在客户端主机的"桌面"仿真环境中"命令提示符"环境下通过"ping"命令来测试网络的连通情况，确保主机和 DNS 服务器、JNU WEB 服务器的连通。

（5）在客户端主机的"桌面"仿真环境中的"WEB 浏览器"工具中输入"http://www.jnu.edu.cn"，观察是否出现 JNU WEB 服务器主页，并适当修改主页网页文件中的部分内容，刷新并进一步核查结果。

（6）在 Packet Tracer 的网络模拟场景中，对网络通信过程进行"自动捕获/播放"操作，并观察和分析数据分组的转发过程和分组详细内容，加深对网络分层概念的理解。

2.　实验步骤

（1）通过 Packet Tracer 组建如图 9-1 所示的仿真网络拓扑结构。

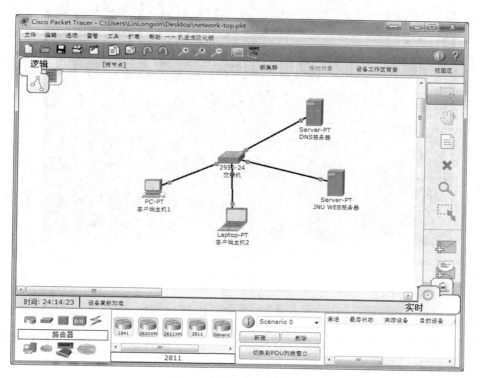

图 9-1　实验网络拓扑结构图

此网络包含 PC 型客户端主机 1 台、便携型客户端主机 1 台（用于访问 DNS 服务器、JNU WEB 服务器），Cisco 2950 24 口百兆交换机 1 台，DNS 服务器 1 台（用于提供 DNS 服务），JNU WEB

服务器 1 台（用于提供 WWW 服务）。

（2）配置主机和服务器的相关网络信息。

PC 客户端主机，IP 地址为"192.168.1.2"，子网掩码为"255.255.255.0"，DNS 服务器为"192.168.1.5"。

便携型客户端主机，IP 地址为"192.168.1.3"，子网掩码为"255.255.255.0"，DNS 服务器为"192.168.1.5"。

JNU WEB 服务器，IP 地址为"192.168.1.4"，子网掩码为"255.255.255.0"，DNS 服务器为"192.168.1.5"。

DNS 服务器，IP 地址为"192.168.1.5"，子网掩码为"255.255.255.0"。

（3）测试网络连通情况。

通过 PC 客户端主机"桌面"环境下的"命令提示符"工具下的 ping 命令来测试其和其他网络节点的连通性。图 9-2 所示为测试结果截屏示例。

图 9-2   测试结果截屏

例如，通过 "ping 192.168.1.3"来测试和便携主机的连通性，通过"ping 192.168.1.5"来测试和 DNS 服务器的连通性，通过"ping 192.168.1.4"来测试和 JNU WEB 服务器的连通性。确保所有节点的连通性没有问题。

（4）设置和启动 JNU WEB 服务器的 WWW 服务。

通过配置 JNU WEB 服务器的"http 服务"来设置和启动 JNU WEB 服务器的 WWW 服务，并且适当修改其网页内容，把其中的 Cisco 字样改为 Jinan University 字样。如图 9-3 所示。

图 9-3　服务器配置

（5）设置和启动 DNS 服务器的 DNS 服务。

通过配置 DNS 服务器的 "DNS 服务" 来设置和启动 DNS 服务器的 DNS 服务，并在其中加入 1 条如图 9-4 所示的域名解析记录。

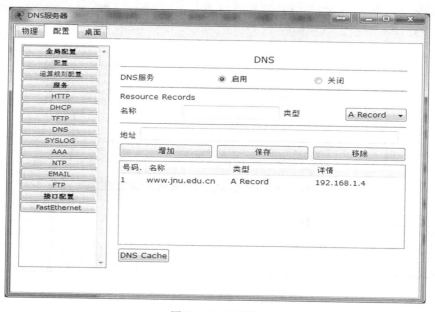

图 9-4　DNS 配置

（6）通过便携客户端进行 WEB 访问验证。在便携客户端的 WEB 浏览器工具中输入 http://www.jnu.edu.cn，观察其结果。

如出现如图 9-5 所示内容，即 WWW 服务访问成功，否则进一步排查问题。

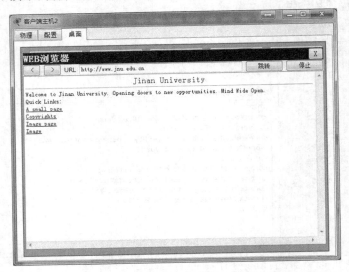

图 9-5　运行效果

（7）实时观察数据分组转发情况和分析数据分组。

切换 Packet Tracer 进入"模拟"环境，单击"自动捕获/播放"按钮，再运行步骤（6）操作，可以观察到分组的全部转发过程，如图 9-6 所示。

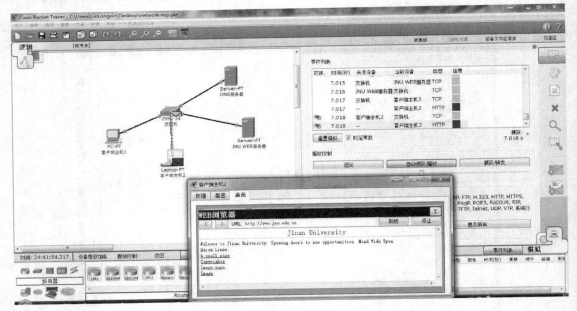

图 9-6　分组的转发过程图示

图 9-6 中的"事件列表"所展示的即为网络中流动的数据分组。可以单击每 1 行来观察 1 个分组的详细内容，例如，可以通过"OSI 模型""输入 PDU 详情""输出 PDU 详情"三种方式来观察此分组的详细情况，如图 9-7 所示。

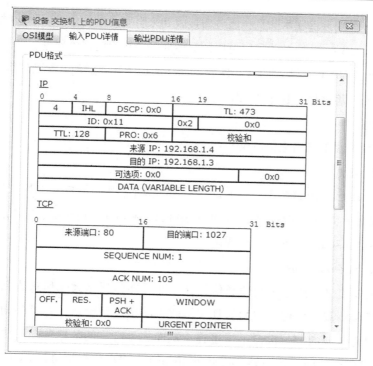

图 9-7 PDU 格式分析

四、实践与思考

（1）通过上述实验过程，结合对 WWW 访问过程的数据分组交换的过程分析，请写出一个 WWW 业务访问数据分组交换的完整过程，并进行讨论。详细描述客户机从 WEB 浏览器输入 URL 到获得 WEB 主页文件过程中所转发的分组、分组的次序、分组的内容等。

（2）参照本实验，请通过 Packet Tracer 仿真出 E-mail 的收发过程、ftp 文件传送过程等常见网络服务。

（3）IP 协议的格式中 TTL 的含义是什么？在平时的网络生活中是否见过 TTL 的应用？

（4）采用 DHCP 动态地址分配在网络管理上有什么优势？

（5）以 NAT 系统看我们电脑的 IP 地址，会有怎样的认识？

9.3 TCP/UDP

实验 2 编制 TCP/UDP 程序实验

一、实验目的

- 采用 UDP 编制一个服务器程序和客户端程序。UDP 服务器程序类似一个 echo 服务器，客户端可以往服务器端发送文本信息，服务器接收到来自客户端的信息后附上时间信息返回此文本信息给客户端；此外，此服务器程序可以同时面向多个客户机提供服务。

· 让学生通过简单网络程序的编制理解 socket 编程的基本原理，深刻理解"端口"的概念，理解"服务器"和"客户机"程序的区别。

二、预备知识

首先简单介绍常见的网络通信协议。

1. 通信协议层次

TCP/IP 不是 TCP 和 IP 这两个协议的合称，而是指因特网整个 TCP/IP 协议族。从协议分层模型方面来讲，TCP/IP 由四个层次组成，即网络接口层、网络层、传输层、应用层，每一层都呼叫它的下一层所提供的网络来完成自己的需求。

2. 传输层、TCP 和 UDP

传输层，主要提供应用程序间的通信，其主要功能包括格式化信息流和提供可靠传输。为实现提供可靠传输服务，传输层协议规定接收端必须发回确认，并且假如分组丢失，必须重新发送，即我们常说的"三次握手"过程，从而提供可靠的数据传输。传输层协议主要是传输控制协议（TCP，Transmission Control Protocol）和用户数据报协议（UDP，User Datagram Protocol），如图 9-8 所示。

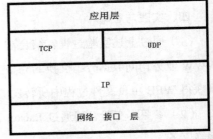

图 9-8　TCP/IP 运输层的 TCP 与 UDP

TCP，是指面向连接的通信协议，通过三次握手建立连接，通信完成时要拆除连接，由于 TCP 是面向连接的所以只能用于端到端的通信。TCP 提供的是一种可靠的数据流服务。

UDP，是指面向无连接的通信协议，UDP 数据包括目的端口号和源端口号信息，由于通信不需要连接，所以可以实现广播发送。UDP 通信时不需要接收方确认，属于不可靠的传输，可能会出现丢包现象，实际应用中要求程序员编程验证。

（1）TCP 报文段的格式

从图 9-9 所示 TCP 报文段格式图可以看出，一个 TCP 报文段分为首部和数据两部分。

首部固定部分各字段的意义如下。

源端口/目的端口：TSAP 地址。用于将若干高层协议向下复用。

发送序号：是本报文段所发送的数据部分第一个字节的序号。

确认序号：期望收到的数据（下一个消息）的第一字节的序号。

首部长度：单位为 32 位（双字）。

控制字段如下。

紧急比特（URG）：URG=1 时表示加急数据，此时紧急指针的值为加急数据的最后一个字节的序号。

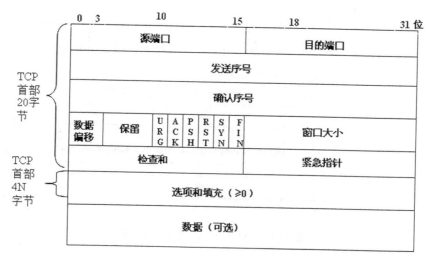

图 9-9　TCP 报文格式

确认比特（ACK）：ACK=1 时表示确认序号字段有意义。

急迫比特（PSH）：PSH=1 时表示请求接收端的传输实体尽快交付应用层。

复位比特（RST）：RST=1 表示出现严重差错，必须释放连接，重建。

同步比特（SYN）：SYN=1，ACK=0 表示连接请求消息；SYN=1，ACK=1 表示同意建立连接消息。

终止比特（FIN）：FIN=1 时表示数据已发送完，要求释放连接。

窗口大小：通知发送方接收窗口的大小，即最多可以发送的字节数。

检查和：伪首部、首部、数据。

选项：长度可变。TCP 只规定了一种选项，即最大报文段长度。

TCP 提供的服务有端到端的面向连接的服务、完全可靠性、全双工通信、流接口，以及可靠的连接建立和完美的连接终止等特征。应用程序将数据流发送给 TCP，在 TCP 流中，每个数据字节都被编号（序号），TCP 层将数据流分成数据段并以序号来标识。

（2）UDP 报文段的格式（UDP 提供的服务）

图 9-10 所示为 UDP 数据报的首部和伪首部。

UDP 提供的服务与 IP 协议一样，是不可靠的、无连接的服务。但它又不同于 IP 协议，因为 IP 协议是网络层协议向运输层提供无连接的服务，而 UDP 是传输层协议，它向应用层提供无连接的服务。UDP 发送数据之前不需要建立连接，发送后也无须释放，因此，减少了开销和发送数据的时延。UDP 不使用拥塞控制，也不保证可靠交付，因此，主机不需要维护有许多参数的连接状态表。UDP 用户数据报只有 8 字节的首部，比 TCP 的 20 字节的首部要短。由于 UDP 没有拥塞控制，当网络出现拥塞不会使源主机的发送速率降低。因此 UDP 适用于实时应用中要求源主机有恒定发送速率的情况。

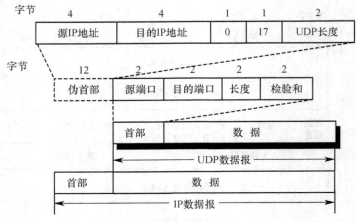

图 9-10　UDP 数据报的首部和伪首部

三、实验内容与步骤

1. 实验内容

（1）分别为服务器和客户端编制不同的 Python 程序文件（传输层使用 UDP 协议，服务器端口为 21567），服务器程序为 udpServer.py，客户机程序为 udpClient.py。

（2）udpClient 和 udpServer 的交互举例如图 9-11 所示。

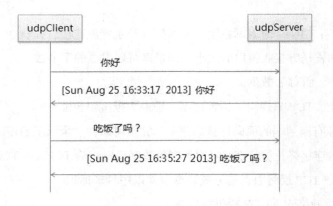

图 9-11　udpClient 和 udpServer 的交互举例

（3）通过 Windows 的"命令行"界面，使用 python.exe 命令解释器执行 1 个 udpServer.py 程序和多个 udpClient.py 程序，模拟多个客户端程序向服务器发送消息，并检查结果的正确性。

2. 实验步骤

（1）使用 Python 自带的 IDLE 程序编辑器或者任意文本编辑器（例如 notepad）编制 udpServer.py 服务器程序。程序源代码如下。

```
#!/usr/bin/env python
# -*- coding:UTF-8 -*-

from socket import *
from time import ctime

HOST = '127.0.0.1'  # 主机地址，本实验假定客户机和服务器程序都运行在同一台机器
PORT = 21567  # 服务器 UDP 端口号
BUFSIZE = 1024

ADDR = (HOST,PORT)

udpSerSock = socket(AF_INET, SOCK_DGRAM)
udpSerSock.bind(ADDR)

while True:
    print '等待接收来自客户机的消息...'
    data, addr = udpSerSock.recvfrom(BUFSIZE)
    udpSerSock.sendto('[%s] %s'%(ctime(),data),addr)  #把收到的消息回送给客户机程序
    print '...接收到客户机的消息并且回送给:',addr

udpSerSock.close()
```

（2）使用 Python 自带的 IDLE 程序编辑器或者任意文本编辑器（如 notepad）编制 udpClient.py 服务器程序。程序源代码如下。

```
#!/usr/bin/env python
# -*- coding:UTF-8 -*-
from socket import *

HOST = 'localhost'  # 服务器 IP 地址，本实验假定客户机和服务器程序都运行在同一台机器
PORT = 21567  # 服务器 UDP 端口号
BUFSIZE = 1024

ADDR = (HOST, PORT)
udpCliSock = socket(AF_INET, SOCK_DGRAM)

while True:
    data = raw_input('>')
    if not data:
        break
    udpCliSock.sendto(data,ADDR)  # 发送消息给服务器
    data,ADDR = udpCliSock.recvfrom(BUFSIZE)  # 从服务器接收消息
    if not data:
```

```
        break
    print data  # 输出来自服务器的消息

udpSerSock.close()
```

（3）把 udpServer.py 和 udpClient.py 复制到某个目录，例如"E:\"，把 udpClient.py 复制为 3 份不同文件名，分别为 udpClient1.py，udpClient2.py 和 udpClient3.py。

（4）通过 python.exe 执行 udpServer.py 一次，执行 udpClient1.py，udpClient2.py，udpClient3.py 各一次。假如 python.exe 在文件目录 "c:\python27"下。可以通过如下命令执行。

运行服务器程序：E:\>c:\Python27\python.exe udpServer.py

运行客户端程序：E:\>c:\Python27\python.exe udpClient1.py，等待 10 秒

E:\>c:\Python27\python.exe udpClient2.py，等待 10 秒

E:\>c:\Python27\python.exe udpClient3.py

（5）如图 9-12 所示检查测试结果。

图 9-12　udpClient 执行效果

四、实践与思考

（1）把上述单机版的多客户机、单服务器程序进行适当修改，使每个客户机程序和服务器程序分别运行在不同的电脑上。例如，把服务器程序运行在机器 A，3 个不同的客户端程序运行在

机器 B、C 和 D。功能保持和上述一致。

（2）如何理解 socket(AF_INET, SOCK_DGRAM)函数的功能？

（3）TCP/IP 分层结构中 IP 协议、TCP 协议各自所在层次是什么？如何理解这样的设置？

（4）在网上搜索一段跳墙程序，试分析其理论背景。

应用篇

　　"应用篇"包括第 10 章~第 13 章，内容涵盖字处理应用、数据处理应用、动画制作和网页制作应用等，适于各层次计算机应用能力培养需求的专业及对相关主题有兴趣学习的学生使用。实际教学中，可依照各专业方向的教学大纲挑选其中的部分章节进行实践性教学。

　　第 10 章为文字处理应用进阶。挑选了邮件合并和长文档编排两个实验。根据学生的专业特点，建议文科类专业的学生务必完成本章的实验 1，所有学生完成实验 2，为后续完成专业论文的排版打好基础。

　　第 11 章为 Excel 表格处理实验。内容包含 Excel 基本操作、Excel 公式与函数、数据分析与规划求解及 Excel 数据管理与分析等，共 9 个实验。其中，Excel 的公式与函数是本章的基础性实验，用于帮助学生理解和掌握 Excel 中数据是如何表示和进行计算的，供初、中级层次计算机应用能力培养需求的专业的学生使用。

　　第 12 章为 Flash 动画制作。包括形状补间实验、动作补间实验和动画综合实验。本章内容可要求文科类学生学习，其他专业方向的学生可自选。

　　第 13 章为 Dreamweaver 网页设计与制作。主要涉及网站管理及网页基本操作、网页布局和利用多媒体元素丰富网页、使用 CSS 修饰网页、应用行为使网页增加动态效果 4 个应用型实验。供初、中级层次计算机应用能力培养需求的专业及对相关主题有兴趣学习的学生使用。

第 10 章
文字处理应用进阶

文字处理软件 WORD，相信很多人已经熟悉它的文稿基本编辑、排版操作，但 WORD 还有一些非常实用的，不为熟悉的应用。如批量生成各类信函、证件的邮件合并功能；论文、报告类长文档的综合编排技巧等。本章通过抛砖引玉，为读者提供一些比较深入的应用进阶，从而提高计算机应用水准。

10.1　邮件合并

实验 1　邮件合并实验

一、实验目的

- 掌握 Word 邮件合并功能。
- 了解域的基本概念。
- 学会使用邮件合并添加照片功能。

二、预备知识

Word 提供一项功能强大的数据管理应用——"邮件合并"。邮件合并名称最初是在批量处理"邮件文档"时提出的。具体地说就是在邮件文档（主文档）的固定内容中，合并与发送信息相关的一组通信资料（数据源如 Excel 表、Access 数据表等），从而批量生成需要的邮件文档，完全不需要一个个地复制粘贴，大大地提高工作效率。

显然，邮件合并功能除了可以批量处理信函、信封等与邮件相关的文档外，还可以轻松地批量制作各类文档，例如各类邀请函、会议通知、体检报告单，或是需要批量制作的名片、工作证、准考证等。

邮件合并的主要过程包括建立主文档、建立数据源和合并数据三个部分。

1. 建立主文档

"主文档"就是固定不变的主体内容，比如信封中的落款、信函中的对每个收信人都不变的内容等。使用邮件合并之前先建立主文档。

2. 准备数据源文档

数据源文档是要合并到主文档中的，含有标题行的数据记录表，其中包含了相关的字段和记录内容（如姓名、单位、电话等）信息的数据源。数据源可以是多种类型的数据文件，如 Excel 电子表格、Access 数据库、Outlook 联系人列表、Word 文档等。

在实际工作中，数据源通常是现成存在的，比如要制作大量客户信封，多数情况下，客户信息可能早已被做成了 Excel 电子表格，这时直接使用就可以了，不必重新制作。如果没有现成的数据，则要根据主文档对数据源的要求临时生成。

3. 把数据源合并到主文档中

前面两步都做好之后，就可以将数据源中的相应字段合并到主文档的固定内容之中了，数据源中的记录行数，决定着主文件生成的份数。整个合并操作过程将利用"邮件合并"进行。

另外，如果需要合并照片会用到域。域是 Word 中一项重要而实用的功能，不少人对它都会觉得有些陌生和深奥，其实，在进行 Word 操作中已经不知不觉地使用了它。比如，通过 Word 命令插入页码、日期，输入公式，给汉字加拼音，邮件合并中插入数据库域等。

域是指 Word 在文档中嵌入的自动插入文字、图形、页码和其他资料的一组特殊代码，根据设定的条件而产生下一个的结果。它由域标志、域名、域开关和其他相关的元素组成。Word 中根据域的作用范围不同，把域分成 9 大类，共 74 个域。选中域，在快捷菜单中选择"切换域代码"命令可以编辑域代码；选择"更新域"命令或者 F9 可以进行域的更新。

三、实验内容与步骤

批量生成工作单位含照片的工作证。效果如图 10-1 所示。

图 10-1　含照片工作证效果图

1. 建立主文档

（1）新建 Word 文档，设置文档页面上下、左右边距各为 2cm。

（2）插入一个 6 行 3 列表格，整个表格设置宽度为 8.2cm，后面 5 行各行高 0.65cm。

（3）以如图 10-2 所示步骤完成表格编辑，并插入图形，输入单元格内容，生成主文档。

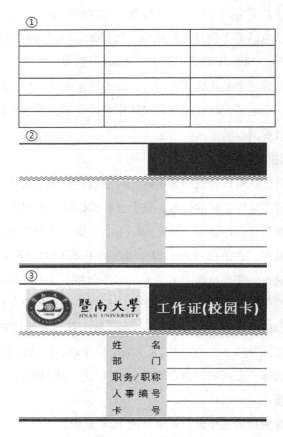

图 10-2　主文档样图

2. 指定数据源文件

（1）单击"邮件"|"开始邮件合并"命令，选择下拉列表中的"目录"。

（2）单击"选择收件人"下拉列表中的"使用现有列表"，选择已有数据源文件"教工信息.docx"打开（如果数据源文件事先没有准备，则选择"键入新列表"命令，临时生成）。

作为数据源的"教工信息.docx"文档，如图 10-3 所示。

注意

　　因为希望在工作证件上附有照片，因此必须事先准备并处理好每位教工的照片文件。照片大小以一寸为基准，控制在大约宽为 2.4cm，高为 3.2cm 左右。如果照片过大，可能到时不能完全显示，甚至导致证件尺寸和形状改变。

　　为缩短照片域引用路径，建议单独建立一个文件夹，存放所有照片文件，并且数据源文件、主文档、合并后的文档等均放入该文件夹中。

卡号	人事编号	姓名	性别	单位	职称	照片
T2001	1880901	申国栋	男	经济学院	副教授	180-1.jpg
T2002	1880902	李柱	男	经济学院	教授	180-8.jpg
T2003	1880903	李光华	男	文学院	教授	180-5.jpg
T2004	1880919	吴彩霞	女	管理学院	副教授	280-2.jpg
T2005	1880905	吴浩权	男	经济学院	助教	180-11.jpg
T2006	1880906	蓝静	女	文学院	教授	280-5.jpg
T2007	1880907	廖剑锋	男	法学院	讲师	180-2.jpg
T2008	1880908	蓝志福	男	文学院	助教	180-9.jpg
T2009	1880909	古琴	女	经济学院	副教授	280-1.jpg
T2010	1880916	李莉	女	经济学院	助教	280-6.jpg
T2011	1880911	游志刚	男	经济学院	讲师	180-12.jpg
T2012	1880912	陈永强	男	法学院	讲师	180-3.jpg
T2013	1880913	李文如	男	文学院	讲师	180-7.jpg
T2014	1880914	肖毅	女	文学院	助教	280-7.jpg
T2015	1880915	朱莉莎	女	管理学院	讲师	280-3.jpg
T2016	1880910	王克南	男	法学院	副教授	180-4.jpg
T2017	1880917	吴擎宇	男	经济学院	副教授	180-6.jpg
T2018	1880918	朱泽艳	女	文学院	讲师	280-4.jpg
T2019	1880904	陈昌兴	男	法学院	讲师	180-10.jpg
T2020	1880920	陈洁珊	女	管理学院	讲师	280-8.jpg

图 10-3　"教工信息"数据源

3.　插入合并域和嵌套域

（1）主文档插入合并域。光标定位主文档表格的第 3 列各单元格中，然后选择"邮件"｜"插入合并域"下拉列表，分别插入对应的合并域：姓名、单位、职称、人事编号、卡号，如图 10-4 所示。

（2）插入照片嵌套域。光标定位插入照片的单元格，单击"插入"｜"文档部件"｜"域"命令，打开"域"对话框，如图 10-5 所示。在"类别"中选择"链接和引用"，在"域名"中选择"IncludePicture"。

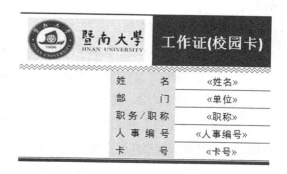

图 10-4　插入合并域

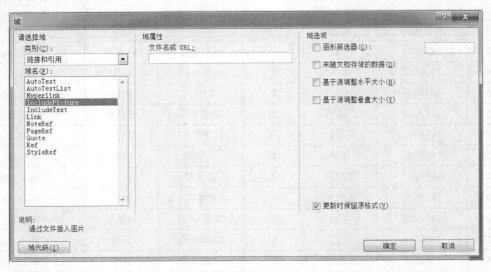

图 10-5 "域"对话框

插入了合并域和照片嵌套域后的主文档如图 10-6 所示。因为还没有完成域的照片文件名输入，所以域结果显示为"错误！未指定文件名"。

（3）插入嵌套合并域"照片名"。在照片嵌套域"错误！未指定文件名"文本上鼠标右键单击，在快捷菜单中选择"切换域代码"，光标定位在域名之后斜杠之前中间的空格处，单击"邮件"｜"插入合并域"，在下拉列表中选择"照片"，即插入数据源的"照片"域，显示域结果仍然是"错误！未指定文件名"。（原因是

图 10-6 插入合并域和照片嵌套域

"IncludePicture"域要求指定图片名并且是全路径的图片名，而"照片"只是合并域，还不是照片的名称。）

4．合并记录到新文档

（1）在表格下方插入 2 个空行，用于合并记录的分隔。

（2）单击"邮件"｜"完成并合并"｜"编辑单个文档"命令，选择"全部"记录。然后以"工作证合并记录"为名，将合并后的文档保存在相同文件夹中。

（3）用 Ctrl+A 组合键选中文档全部内容（即选中了文档的全部照片域），按 F9 功能键自动更新域，可以看到所有照片域中的照片显示。

（4）可以进行分两栏设置，合并记录及照片后显示结果，如图 10-7 所示。再次保存文档。

四、实践与思考

自行编排、设计一个图文混排的"大学录取通知书"主文档，利用自己的同学通讯录数据源，通过 Word 邮件合并信函功能，生成批量的大学录取通知书。

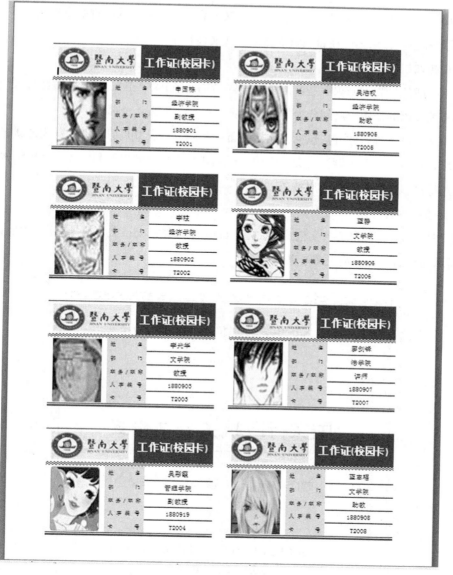

图 10-7　合并记录及照片后显示结果

10.2　排版图文格式长文档

实验 2　编排长文档实验

一、实验目的

- 掌握 Word 排版布局和页眉页脚的设置。

- 封面和正文排版——对封面、前言和正文内容进行所需样式的排版设置。
- 提取和生成目录——在目录页面自动生成文档目录。

二、预备知识

长文档一般的排版布局顺序是：封面、摘要、前言、目录、正文、附录、索引、参考文献等。可以简单将长文档的排版布局划分为封面、前言、目录、正文4个部分。

实现长文档高效排版的方法包括：文档的布局和分节，设置页眉页脚，样式的新建、修改和应用，多级自动编号，图表题注与交叉引用，标题和图表目录的提取和生成，文档结构图和大纲视图的使用等高级排版技术和使用技巧。

三、实验内容与步骤

打开文档"国家行政机关公文格式（原文）.docx"，对其完成长文档编排操作，生成如图10-8、图10-9所示的封面、目录及正文效果。

图 10-8　生成的封面效果

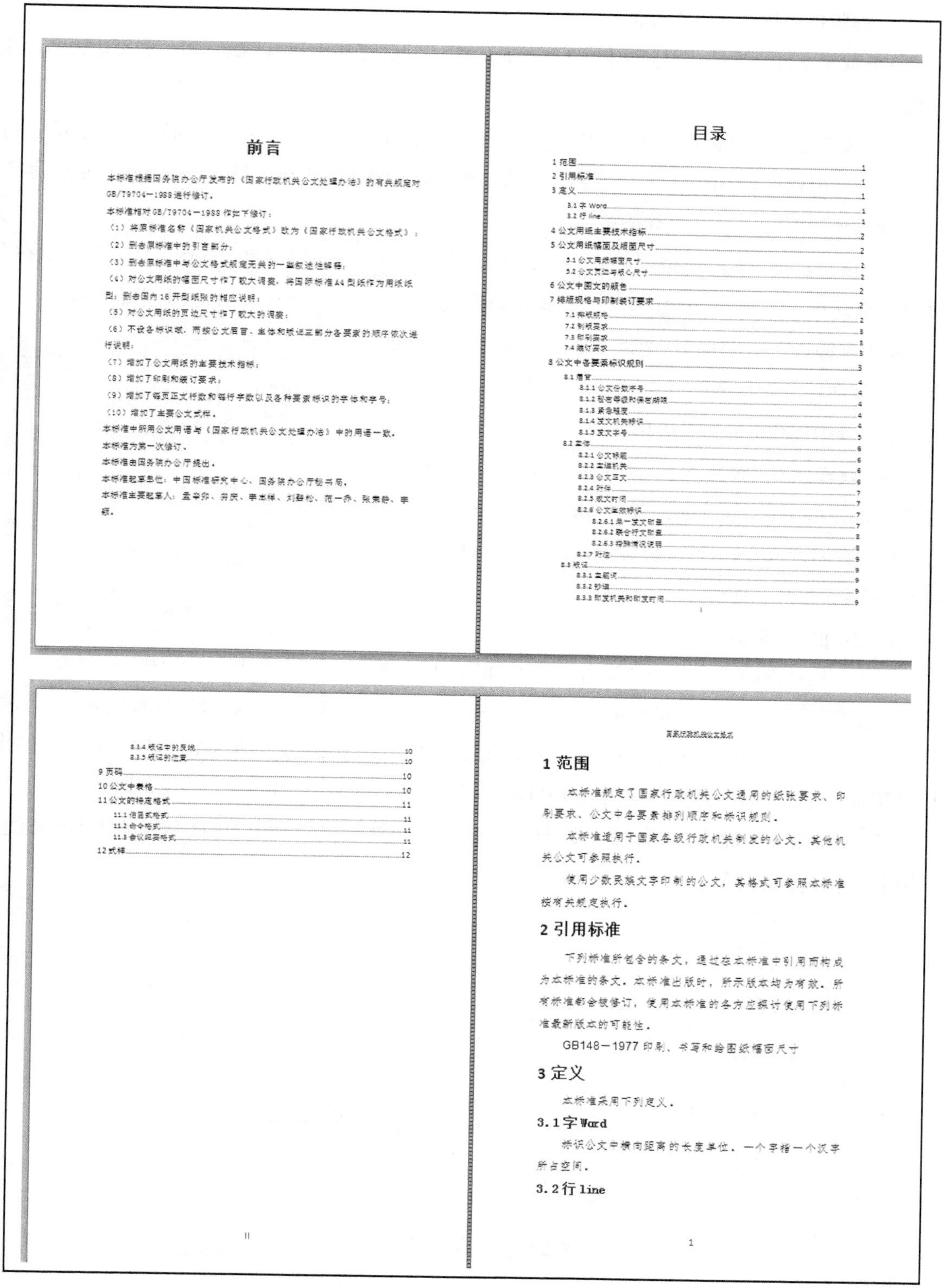

前言

本标准根据国务院办公厅发布的《国家行政机关公文处理办法》的有关规定对 GB/T9704—1999 进行修订。

本标准相对 GB/T9704—1999 作如下修订：

（1）将原标准名称《国家机关公文格式》改为《国家行政机关公文格式》；

（2）删去原标准中的引言部分；

（3）删去原标准中与公文格式规定无关的一般叙述性解释；

（4）对公文用纸的幅面尺寸作了较大调整，将国标准 A4 型纸作为用纸纸型；删去国内 16 开型纸张的相应说明；

（5）对公文用纸的页边尺寸作了较大的调整；

（6）不设各标识域，同按公文眉首、主体和版记三部分各要素的顺序依次进行说明；

（7）增加了公文用纸的主要技术指标；

（8）增加了印制和装订要求；

（9）增加了每页正文行数和每行字数以及各种要素标识的字体和字号；

（10）增加了主要公文式样。

本标准中所用公文用语与《国家行政机关公文处理办法》中的用语一致。

本标准为第一次修订。

本标准由国务院办公厅提出。

本标准起草单位：中国标准研究中心、国务院办公厅秘书局。

本标准主要起草人：盖辛郊、房民、李志祥、刘馨松、范一乔、张焦群、李概。

目录

国家行政机关公文格式

1 范围

本标准规定了国家行政机关公文通用的纸张要求、印刷要求、公文中各要素排列顺序和标识规则。

本标准适用于国家各级行政机关制发的公文。其他机关公文可参照执行。

使用少数民族文字印制的公文，其格式可参照本标准按有关规定执行。

2 引用标准

下列标准所包含的条文，通过在本标准中引用而构成为本标准的条文。本标准出版时，所示版本均为有效。所有标准都会被修订，使用本标准的各方应探讨使用下列标准最新版本的可能性。

GB148—1977 印刷、书写和绘图纸张幅面尺寸

3 定义

本标准采用下列定义。

3.1 字 Word

标识公文中横向距离的长度单位。一个字指一个汉字所占空间。

3.2 行 line

图 10-9　生成的目录及正文效果

1. 排版布局和设置页眉页脚

（1）页面设置。选择"页面布局"|"页面设置"，设置纸张大小 A4 纸，左、右页边距各为 3 厘米。

（2）设置分节。鼠标定位正文"1 范围"行首，单击"页面布局"|"分隔符"|"分节符"|"下一页"，完成插入一个分节符。同样位置重复操作，再插入一个分节符，以使封面、前言为第 1 节，目录作为第 2 节，正文作为第 3 节。

（3）设置页码。鼠标定位第 2 节（目录节），首行输入"目录"两字，单击"插入"|"页码"|"设置页码格式"，如图 10-10 所示，选择页码格式为"Ⅰ，Ⅱ，Ⅲ……"，从Ⅰ开始编号。

单击"插入"|"页码"，选择"页面底端"|"普通数字"，页码居中。定位第 3 节（正文节），正文的页码设置从数字 1 开始连续编号，页码格式为"1,2,3……"。

（4）设置页眉。转至正文，定位正文首页奇数页眉上，勾选"奇偶页不同"复选框，取消"链接到前一条页眉"。奇数页的页眉输入"国家行政机关公文格式"，切换偶数页，输入"GB/T 9704—1988"。

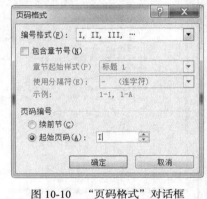

图 10-10　"页码格式"对话框

2. 封面和正文的排版

（1）文档封面编排。单击"插入"|"封面"，下拉选择"传统型"封面。在插入的封面中，将文档标题"国家行政机关公文格式"设置黑体字，小初号。"GB/T9704—1999 代替 GB/9704—1988"移至封面作为副标题，效果如图 10-8 所示，将制作日期等加入其中，适当调整文字大小以及段前、段后间距。

（2）封面设置页面边框。选择"页面布局"|"页面边框"，选择如图 10-11 所示的艺术型框线，应用于"本节—仅首页"。

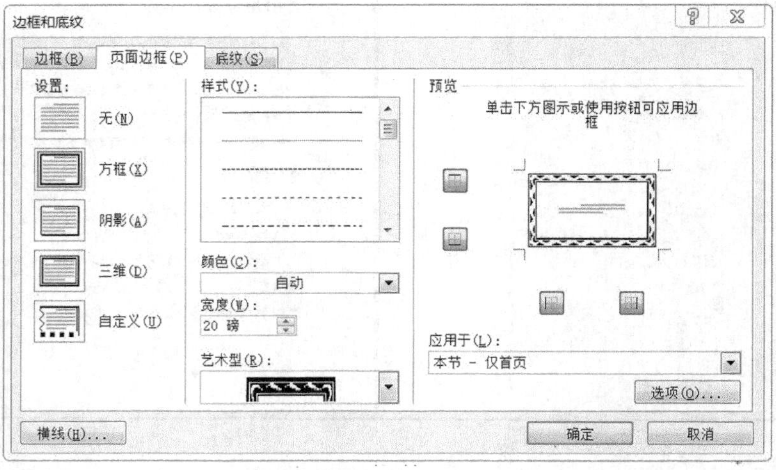

图 10-11　"边框和底纹"对话框

（3）设置文字格式。"目录"两字，设置黑体字，二号，居中，段前、段后距各 18 磅。

"前言"两字与"目录"同样格式设置。前言内容设置宋体，小四号字，段落首行缩进 2 字符、1.5 倍行距；正文内容设置仿宋体，三号字，段落首行缩进 2 字符，单倍行距。

（4）应用并修改样式。将正文各级标题如"1"、"1.1"、"1.1.1"、"1.1.1.1"应用内置"标题 1"、"标题 2"、"标题 3"和"标题 4"样式。修改"标题 1"样式，段前、段后距改为 8 磅，1.5 倍行距。"标题 2"、"标题 3"和"标题 4"样式也可适当修改。

3. 图表设置自动编号

（1）选中第一个图形，选择"引用"|"插入题注"，打开"题注"对话框。如图 10-12 所示，单击"新建标签"按钮，键入新的标签，如"图"。单击"编号"按钮，编号格式选择阿拉伯数字，确定后在该图下方添加了题注如"图 1"。可以在序号后键入说明，比如"A4 型公文用纸页边及版心尺寸"。

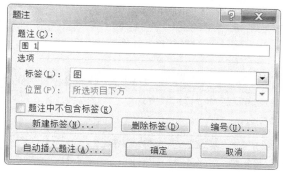

图 10-12　"题注"对话框

（2）选中下一个图形，再次插入题注，方法相同，不用新建标签直接确定即可自动按图在文档中出现的顺序进行编号。

如果希望插入或者拷贝的图片可自动编号，可单击其中"自动插入题注"按钮，在"插入时添加题注"列表勾选要自动编号的对象类型，如"Microsoft Word 图片"，在"使用标签"列表中，选择一个标签。在"位置"列表中选择标签出现的位置，如"项目下方"。

4. 提取和生成目录

（1）鼠标定位目录节第二行，选择"引用"|"目录"|"插入目录"，如图 10-13 所示，在"目录"对话框，勾选"显示页码"和"页码右对齐"，制表符前导符选择第一种，"显示级别"选择 4，显示 4 级及其以上级别的标题。

（2）修订目录样式。在"目录"对话框单击"修改"按钮，分别选择目录 1～目录 4，然后单击"修改"按钮，进入"修改样式"对话框，修改各级目录格式。如图 10-14 所示，将目录 1～目录 4 的样式统一修改为黑体、小四号，段前段后均为 0.3 行，两端对齐。设置完上述选项后，单击"确定"按钮，即可将目录插入到文档中。

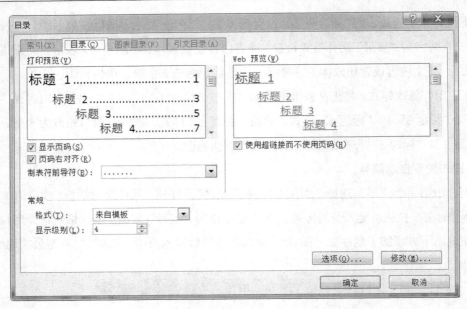

图 10-13　目录对话框

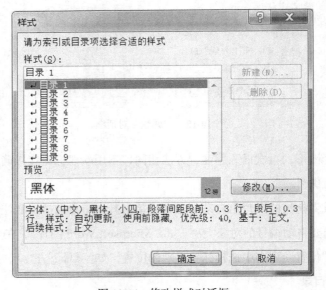

图 10-14　修改样式对话框

若生成目录后对文档进行了修改，则需要对目录更新。因为生成的目录属于域，因此更新方法是，选中目录区，快捷菜单中选择"更新域"命令即可。

（3）使用文档结构图浏览长文档。单击"视图"选项组，勾选"文档结构图"，在窗口左边显示出"文档结构图"。按照文档的标题级别显示文档的层次结构，用户可根据标题快速定位到文档，如图 10-15 所示。还可以使用大纲视图查看文档。

（4）完成编排，文档另存为"国家行政机关公文格式.docx"。

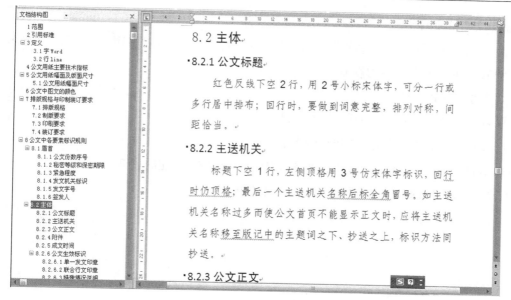

图 10-15　文档结构视图

四、实践与思考

打开素材文件"本科生毕业论文.docx",按"本科生毕业论文_样本.pdf"文件的格式进行毕业论文的编辑排版操作,完成后仍用原名保存退出。

（1）删除全文所有全角、半角及不间断空格;替换全文的"手动换行"符为"段落标记"符。

（2）将文档中的前言部分（前言……提出相关建议）、目录和正文分成三节。

（3）将每一节的页面设置为左右边距 3 厘米、页眉页脚奇偶页不同。

（4）设置"目录"格式为黑体四号字,居中,段前段后均为 0.5 行。

（5）设置正文的页码、页眉和页脚。

① 在页面底端居中位置插入页码,要求为阿拉伯数字"1、2…",起始页码为 1。

② 设置奇数页页眉为"产业经济学概论",偶数页页眉为"经济学本科生毕业论文"。

（6）设置"正文内容"及参考文献格式。

① 将"正文内容"格式设置为宋体小四、首行缩进 2 字符、单倍行距,大纲级别为正文文本。

② 将"正文内容"中带有"一、二、三…"字样的标题设置为"标题 1"格式;参考文献的标题也设置为"标题 1"格式。

③ 将"正文内容"中带有"（一）、（二）…"字样的小标题设为黑体加粗、三号、特殊格式（无）、1.5 倍行距、段前距为 0.5 行、段后距为 0.5 行,大纲级别为 2 级。

（7）"前言"二字设为二号黑体,段前距和段后距各 1 行,居中;前言内容设为宋体,小四号字,首行缩进 2 字符、1.5 倍行距。

（8）插入图表题注。将文中表格和图表均加上图表题注,采用系统默认的题注及格式。表格题注的位置为"所选项目上方",居中;图表题注的位置为"所选项目下方",居中。

（9）文档封面编排。

参照样本文件，插入"传统型"封面；在封面中输入相应的文档标题、副标题、用户名和时间；封面的页面边框做相应的修饰。

（10）生成文档目录。

① 在文档的第二节目录下生成二级目录。

② 将第二节的"起始页"页码设置为1。

③ 对目录进行"更新域"操作，调整目录中各项内容所对应的页码。

思考：在设置页眉之前必须去除"与上一节相同"，为什么？

第 11 章
Excel 数据处理与计算

本章主要通过电子表格软件 Excel 的实训操作，让学生了解和掌握在 Excel 平台中如何进行数据的表示、计算、分析与管理，从而达到"计算思维"训练的教学目标。

11.1 Excel 基本操作

实验 1 工作表的基本操作

一、实验目的

- 掌握电子表格中的一些基本概念：工作表、单元格与区域、单元坐标等。
- 掌握工作表的基本编辑操作、单元格的格式设置、数据录入方法。

二、预备知识

1. 工作表、单元格与区域、单元坐标

在 Excel 中用来存储并处理数据的文件，称为工作簿（Book），以.xlsx 扩展名保存。它由若干个工作表（sheet1…sheet4…）组成。工作表是 Excel 的主窗口，由若干行和列组成。行和列的交叉为单元格，数据保存在单元格中。每个单元格有唯一的地址进行标识，称为单元格地址或单元坐标。工作表中相邻单元构成的矩形称为区域，如图 11-1 所示。

图 11-1 单元格、单元格区域、工作表

2. 生成表格的基本操作

Excel 的主要功能包括生成表格、数据表示与计算、数据管理等。其基本操作包括：

① 选定单元格操作（单个单元格、连续或不连续的单元格区域、选定行或列）。

选定单元格常用到的键有 Shift（连续单元格）、Ctrl（不连续单元格）。

② 数据输入（数值、文本、日期、自动填充数据及自定义序列等）。

Excel 的数据输入主要包括数值、文本、日期、数组及公式。其中，数值和文本在单元中直接输入即可。用数字表示的字符型数据，如身份证号码、邮政编码等，输入时需要在该数据前加上字符型数据前导符"'"。而数组是用一个区域来表示，其中每个单元表示该数组的一个数，当一个区域中存放一个数组时，其中个别单元的内容不能被单独改变。在单元格中输入公式时，均要以"＝"开头。

向一个区域中输入数据时，可选定某一区域后在当前单元中输入数据或公式后，按 Ctrl+Enter 组合键确认。而在某行或某列区域中自动填充一个序列时，可采用拖动或双击填充柄的方法来实现数据的快速填充，也可先进行自定义序列后进行填充柄的拖动操作。

输入数组时，先选定区域，在当前单元中输入数组元素的公式，然后按 Ctrl+Shift+Enter 组合键即可。

③ 编辑工作表（编辑和清除单元格数据、移动和复制单元格、插入或删除等）。

④ 使用条件格式。

三、实验内容与步骤

启动 Excel 2010 窗口，建立"学生入学成绩表"，如图 11-2 所示。

	A	B	C	D	E	F	G
	学生入学成绩表						
1	2014江南大学财务管理专业前10名学生入学成绩单						
2	学号	姓名	高考各科目名称				总分
3			语文	数学	英语	综合	
4	2014051001	刘琳琳	113	129	126	234	602
5	2014051002	卢思姗	112	130	137	245	624
6	2014051003	陈晓珊	119	101	128	279	627
7	2014051004	郑枫虹	130	106	127	254	617
8	2014051005	巫晓琳	123	106	115	265	609
9	2014051006	黄涛	121	97	135	265	618
10	2014051007	宋晓宇	121	138	135	247	641
11	2014051008	童怡青	98	123	134	258	613
12	2014051009	杨春白雪	114	104	136	231	585
13	2014051010	黄碧如	121	124	105	238	588

图 11-2　学生入学成绩表

1. 输入表格标题，录入数据

（1）在 A1 单元中输入标题。

（2）选中 A2 和 A3，将其合并后输入学号，同样的方法将 B2 和 B3、C2 至 F2、G2 和 G3 合并后分别输入对应的文字。

（3）在 A4 单元中输入字符型数据时，应在前面加上前导符单引号'，录入完 A4 单元的数据后，用鼠标拖动 A4 单元的填充句柄，往下填充至 A13。在 B4:B13 区域中分别输入姓名，在 C3:F13 区域中分别输入 4 科科目和成绩。（注：总分下面的栏目不能直接输入，要通过公式进行计算后得出。）

2. 设置工作表格式

将 A1:G1 区域的单元格合并居中，且将标题字体设置为"宋体"14 号大小，调整该行与字体合适的高度。把第 2、3 行的文字居中，B4:B13 中的姓名分散对齐，C3:F13 区域中的科目和成绩居中。将表格边框设置为如图 11-2 所示的边框线。

3. 计算总分

在 G4 单元中输入公式 = Sum(C4:F4)，确认后再双击单元的填充句柄，系统将自动复制 G4 下面的公式内容。

四、实践与思考

打开 Excel，快速建立如图 11-3 所示的工作表格，以"jbcz.xlsx"工作簿文件保存。要求：

（1）表格标题字为宋体 20 号字，跨列居中，其他单元格的字体为宋体 10 号字。

（2）表格中列标题的字体居中，字体颜色白色，单元格填充色为浅蓝色。

（3）员工编号列中的数字为字符型数据，输入时应注意加上字符型前导符。姓名列中的字符须在水平和垂直对齐中选择"分散对齐"。

（4）填充员工所属部门。选中 C3:C21 区域后进行以下操作。

① 设置有效性条件。在"数据"选项卡下单击"数据有效性"按钮；在"允许"下拉列表中单击"序列"选项；在"来源"文本框中输入序列来源"行政部，财务部，技术部，销售部"；单击"输入信息"选项卡，在"标题"文本框中输入"选择员工所属部门"，在"输入信息"文本框中输入"从下拉列表中选择员工所在的部门!"，最后单击"确定"。

② 单击 C3 单元格右侧的下三角按钮。从下拉列表中选择员工所在的部门。单击"财务部"选项。C4～C21 单元各项内容选择可参照效果图。

（5）将表格边框设置为如图 11-3 所示的边框线。

思考：分数应怎样输入？如 1/3。日期型数据的输入，除了上述输入格式外，还有哪几种？

	A	B	C	D	E	F
1	员工年假表					
2	员工编号	姓名	部门	性别	出生日期	加入公司时间
3	001	李 小 红	财务部	女	1982-1-25	2008-6-13
4	002	邓 明	技术部	男	1986-5-5	2008-9-4
5	003	张 强	行政部	男	1978-2-15	2004-10-22
6	004	郭 台 林	技术部	男	1975-12-15	2004-8-23
7	005	谢 东	销售部	男	1991-10-26	2013-6-18
8	006	王 超	技术部	男	1988-11-27	2012-3-18
9	007	王 志 平	财务部	男	1979-9-27	2008-4-17
10	008	曾 丽	销售部	女	1990-6-15	2011-8-1
11	009	赵 科	行政部	男	1982-4-18	2005-8-22
12	010	马 光 明	销售部	男	1977-8-26	2004-11-29
13	011	李 兴 明	行政部	男	1982-11-17	2006-9-4
14	012	赵 明 明	销售部	女	1986-12-14	2010-9-24
15	013	孙 继 海	行政部	男	1981-11-10	2007-6-25
16	014	黄 雅 平	技术部	女	1980-10-5	2006-5-12
17	015	周 武	行政部	男	1977-5-18	2006-9-4
18	016	孙 兴	财务部	男	1979-3-29	2007-8-22
19	017	王 雷	技术部	男	1976-7-24	2006-5-28
20	018	李 海 梅	销售部	女	1980-6-16	2009-6-28
21	019	张 超	技术部	男	1981-12-11	2007-9-22

图 11-3　员工年假表

11.2　Excel 公式与函数

实验 2　公式与函数的基本应用

一、实验目的

- 掌握数据的表示与计算，掌握运用函数和公式计算单元格值。
- 通过本节实验练习，掌握 Excel 的常用函数的使用方法。

二、预备知识

在 Excel 中的数据通常是指字符、数字、函数与公式，Excel 数据表示与计算主要通过函数和公式来实现。

1. 公式

公式是由常量、单元格地址、函数和运算符组成。输入时必须加上前导符 "="。在公式中可引用单元格区域的数据。如果公式中输入的是单元格区域地址，引用后，公式的运算值随着被引用单元格的值的变化而变化。单元格地址根据被复制到其他单元格时是否改变分为相对引用地址、绝对引用地址和混合引用地址。

（1）相对引用是指在公式移动或复制过程中，该地址相对目的单元格地址发生变化，如 A2。

（2）绝对引用是在相对引用地址的列坐标和行坐标前分别加上"$"锁住了参加运算的单元格，以便使它们不会因为公式或函数的复制或移动而变化，如$A$2。

（3）混合引用是指单元格地址中的一部分为绝对引用，另一部分为相对引用，例如$A2 或 A$2。

2. 函数

函数是系统内部预先定义好的特殊公式，用户使用系统提供的这些函数可方便地对数据进行运算和分析，Excel 函数主要包括数学函数、日期和时间函数、统计函数、财务函数、文本函数与条件函数等。在 Excel 中大量复杂的计算都需要通过工作表函数来完成。内部函数的一般格式为：

函数名(参数 1，参数 2，…)

（1）函数名代表了该函数具有的功能和类型，使用时不能输错。

（2）参数的个数和类型。一般情况下，参数的个数可确定也可不确定，但参数的类型是确定的，不同类型的函数要求单元格给定不同类型的参数，参数的形式可以是常量、单元地址、区域地址、数组和表达式等。给定参数后，函数必须能返回一个有效值。

3. 公式与函数的输入

公式和函数输入均要以" = "开头，然后在以下两个地方进行输入。

（1）在"插入函数"对话框中进行输入。

（2）在"编辑栏"直接输入。要套用某个现成公式或输入一些嵌套关系复杂的公式时，利用编辑栏输入更加快捷。

4. 常用的公式与函数

（1）计数函数 Count(Value1,Value2,…)

计算区域中包含数字的单元格的个数。

（2）求和函数 Sum(Number1,Number2,…)

计算区域中所有数值单元的和。注意：当括弧中的参数为字符型数据时将被转换成相应的数值，逻辑常量 True、False 将被转换成数值 1 和 0，但当参数为单元或区域坐标时对字符型数据和逻辑性数据不予转化，一律做 0 处理。

（3）求平均值函数 Average(Number1,Number2,…)

计算区域中所有数值单元的算术平均值。其公式的应用情况跟 Sum 函数一样。

（4）取整函数 Int(Number)

将数值向下取整为最接近的整数。如=int(6.7)为 6，=int(-6.7) 为-7。

（5）求最大公因子函数 GCD(Number1,Number2,…)

（6）求余数函数 MOD(number, divisor)

（7）随机函数 Rand()

返回一个 0～1 之间的随机数，括号内无参数。如返回一个 30～100 之间的随机整数可输入公

式 = 30+int(rand()*71)。

（8）四舍五入函数 Round(Number,num_digits)

其中参数 num_digits 为确定 Number 要返回的小数位数。

（9）指定日期函数 DATE(year, month, day)

计算指定日期的序列数。如=DATE(2015,9,1)的序列数为 42248，意思为从 1900-1-1 第 1 天算起，到 2015-9-1 为止共经历了 42248 天。

（10）系统日期函数 TODAY()

返回系统日期的序列数。

（11）计算年份函数 YEAR(serial_number)

计算某一日期的年份值，为 1900～9999 之间的整数。

（12）计算月份函数 MONTH(serial_number)

计算某一日期的月份值，为 1～12 之间的整数。

（13）计算某一段日期差值函数 YEARFRAC(start_date,end_date,[basis])

计算两个日期的差值占一年时间的百分比，此函数的实际应用有很多，如可利用它判定在某一特定条件下全年债务或者效益的比例，计算年龄等。其中，start_date 表示开始日期，end_date 代表结束日期。basis 表示日计数基准类型，其中 0 或省略为 US(NASD)30/360，1 为实际天数/该年实际天数，2 为实际天数/360，3 为实际天数/365。也可用 YEARFRAC 函数来计算员工休假天数占全年天数的百分比，从而为员工年终奖计算、补贴计算等提供依据。

（14）条件函数 If(logical_test,value_if_true,value_if_false)

这是一个很重要的逻辑运算函数，可通过设置的条件进行逻辑判断。根据判断条件的真假，自动选择不同表达式进行计算。把 IF()函数的"真"或"假"参数嵌套到另一个 IF()函数中，可实现多种分支操作。

（15）条件计数函数 COUNTIF(range,criteria)

对满足条件的单元格进行计数。括号内的参数分别为条件区域和计数条件。

（16）条件求和函数 SUMIF(range,criteria,sum_range)

对满足条件的单元格进行求和。括号内的参数分别为条件区域、判断条件、实际求和区域。

三、实验内容与步骤

打开原始文件"sjbsjs.xlsx"后另存为"sjbsjs_ex.xlsx"，按实验步骤中的要求进行相关的表格数据的表示与计算操作，完成后参照效果图 11-4。

（1）在 C2 单元中计算当前月份值，提示：可应用日期函数 today()、Month()。

（2）根据前面实验 1 的方法分别在区域 C4:C23 填充员工所属部门、在区域 G4:G23 填充员工的职务，如图 11-4 所示。

	A	B	C	D	E	F	G	H	I	J	K	L	M	N
1	凌风电子科技公司员工薪水表													
2	工薪发放月份：		9											
3	员工编号	姓名	部门	性别	出身日期	工作时间	职务	年龄	工龄	级别薪酬	业绩薪酬	应缴社保	应扣税	本月薪水
4	199501	李小红	行政部	女	1975-7-4	2008-6-13	总经理	40	7	¥ 16,000	¥ 14,461	¥ 1,600	¥ 3,046	¥ 25,815
5	199502	邓明	技术部	男	1985-2-5	2008-9-4	副总经理	31	7	¥ 12,000	¥ 12,005	¥ 1,200	¥ 2,401	¥ 20,405
6	199503	张强	行政部	男	1986-1-21	2004-10-22	主管	30	11	¥ 8,000	¥ 3,000	¥ 800	¥ 660	¥ 9,540
7	199504	郭台林	技术部	男	1985-2-23	2004-8-23	技术员	31	11	¥ 4,000	¥ 8,227	¥ 400	¥ 1,223	¥ 10,604
8	199505	谢东	业务部	男	1982-7-21	2013-6-18	业务员	33	2	¥ 4,000	¥ 7,464	¥ 400	¥ 688	¥ 10,376
9	199506	王超	业务部	男	1977-9-5	2012-3-18	主管	38	4	¥ 8,000	¥ 9,098	¥ 800	¥ 1,710	¥ 14,588
10	199507	王志平	行政部	男	1976-11-9	2008-4-17	会计	39	7	¥ 8,000	¥ 3,000	¥ 800	¥ 660	¥ 9,540
11	199508	曾丽	业务部	女	1977-9-18	2011-8-1	业务员	38	4	¥ 4,000	¥ 3,771	¥ 400	¥ 233	¥ 7,138
12	199509	赵科	业务部	男	1988-8-13	2005-8-22	业务员	27	10	¥ 4,000	¥ -780	¥ 400	¥ -	¥ 2,820
13	199510	马光明	技术部	男	1992-11-8	2004-11-29	技术员	23	11	¥ 4,000	¥ 380	¥ 400	¥ 131	¥ 3,849
14	199511	李兴明	技术部	男	1987-5-13	2006-9-4	技术员	28	9	¥ 4,000	¥ -953	¥ 400	¥ -	¥ 2,647
15	199512	赵明明	业务部	女	1991-6-19	2010-9-24	业务员	24	5	¥ 4,000	¥ 238	¥ 400	¥ 127	¥ 3,711
16	199513	孙继海	业务部	男	1985-7-3	2007-6-25	业务员	30	8	¥ 4,000	¥ -800	¥ 400	¥ -	¥ 2,800
17	199514	黄雅平	业务部	女	1986-4-1	2006-5-12	业务员	29	9	¥ 4,000	¥ 4,097	¥ 400	¥ 486	¥ 7,211
18	199515	周武	业务部	男	1992-8-24	2006-9-4	业务员	23	9	¥ 4,000	¥ 3,840	¥ 400	¥ 235	¥ 7,205
19	199516	孙兴	业务部	男	1990-12-28	2007-8-22	业务员	25	8	¥ 4,000	¥ 1,283	¥ 400	¥ 158	¥ 4,725
20	199517	王雷	技术部	男	1982-3-8	2006-5-28	主管	34	9	¥ 8,000	¥ 10,000	¥ 800	¥ 1,800	¥ 15,400
21	199518	李海梅	业务部	女	1976-10-23	2009-6-28	业务员	39	6	¥ 4,000	¥ 2,153	¥ 400	¥ 185	¥ 5,568
22	199519	张超	业务部	男	1986-3-26	2007-9-22	业务员	30	8	¥ 4,000	¥ 3,260	¥ 400	¥ 218	¥ 6,642
23	199520	陈兵	业务部	女	1989-5-27	2008-7-6	业务员	26	7	¥ 4,000	¥ 1,135	¥ 400	¥ 154	¥ 4,581
24														
25		统计									小计	¥ 11,600	¥ 14,115	¥ 175,164
26			平均薪酬											
27		公司	¥ 8,758											
28		行政部	¥ 14,965											
29		技术部	¥ 10,581											
30		业务部	¥ 6,447											

图 11-4 员工薪水发放表

（3）根据员工的出生日期，在 H4:H23 区域中计算各员工的年龄，根据员工参加工作时间，在 I4:I23 区域中计算各员工的工龄。提示：可应用日期函数 YEARFRAC(start_date,end_date,[basis]) 和 Round(Number,num_digits)。

（4）根据员工的职务级别情况计算员工的级别薪酬：总经理 16000（单位为¥，即元）、副总经理 12000、主管及会计为 8000、其他为 4000。员工的业绩薪酬直接输入。级别和业绩薪酬数据格式均设置为“会计专用”格式。

（5）员工应缴社保金额按员工级别薪酬的 10%计算。应扣税的计算方法为，级别薪酬与业绩薪酬的总额超过 12000 按总额的 10%计算，[8000,12000]按总额的 6%计算，[4000,8000)按 3%计算，低于 4000 不扣税。

（6）计算员工当月薪酬总额。

（7）在小计行中分别计算公司本月应缴社保总额、扣税总额及薪酬发放总额。

（8）在统计栏目中分别统计公司总体平均薪酬、各部门平均薪酬。提示：应用 Average、Sumif 及 Countif 进行计算。

四、实践与思考

（1）写出 COUNT、COUNTA、COUNTIF 三个函数在计算应用中的本质区别，SUM 与 SUMIF 在计算应用中的不同。

（2）上述计算各部门的平均薪酬时，除了运用 SUMIF、COUNTIF 外，还可用别的方法计算吗？

实验 3　函数的统计、分析与计算

一、实验目的

- 通过本实验练习，学会排名函数、几种常用统计函数的使用方法。
- 通过本实验练习，学会数组函数的使用方法。
- 掌握运用 Excel 函数、公式进行统计和分析数据。

二、预备知识

在 Excel 中，假如需要比较相同时间段内某企业三种产品的销量，如果时间段较长，数据行较多的情况下对每一天的销量进行比较，并不能反映销量数据的全貌。此时，一般的做法是，选择一些具有代表性的值列出来进行比较，例如销量的最大值、最小值、众数、中位数等，在统计学中，这些具有代表性的值称为统计指标。在很多统计应用中，中位数比平均值更有效。如计算一个地区的平均收入，如果这个地区有一个比尔·盖茨（Bill Gates），而其他人都是穷光蛋，average 也会很高，而 median 更能说明实际情况。

在实际工作中，经常需要对销售量、销售额或者一些费用等数据进行排名操作，另外还将对销售量按规定的数据段进行分段统计。对数据段进行分类统计采用频率分布函数 Frequency()。

本实验可通过折线图、柱形图和饼图对企业的经营收入与生产成本、当年和来年的经营收入以及长期经营状况进行不同角度的统计，通过阅读图表后，对数据统计与分析有一个全方位的了解。

常用的公式与函数如下。

（1）计算最大值函数 Max() 和最小值函数 Min()。

（2）计算销量的第二个最大值函数 Large() 和最小值函数 Small()。其中，函数 Large(array,k) 的功能是返回数据集中第 k 个最大值；函数 Small(array,k) 的功能是返回数据集中第 k 个最小值。

（3）计算销量的众数、中位数函数 Mode()、Median()。其中，函数 Mode(number1,number2,…) 的功能是返回在某数组或数据区域中出现频率最多的数值，即众数。函数 Median(number1, number2,…) 功能是返回给定数值集合的中值，即中位数。

（4）计算销量的标准偏差函数 STDEV()。其中，函数 Stdev(number1,number2,…) 功能是计算样本的标准差（均方差），衡量数据值偏离算术平均值的程度，标准差能反映一个数据集的离散程度，在概率统计中作为统计分布程度上的测量。

（5）计算销量的 25%、75% 处的数据函数 QUARTILE()。Quartile(array, quart) 的功能是返回数据集的四分位点。array 表示需要计算四分位点的数据集，quart 决定需要返回哪个四分位点，quart 的值在 0～4 之间。0 表示需要返回最小值；1 表示需要返回第一个四分位点，即 25% 处的数据；2 表示需要返回第二个四分位点，即 50% 处的数据，即中值；3 表示需要返回 75% 处数据；4 表示需要返回最大值。

（6）排名函数 Rank(Number, ref, order)。该函数是返回一个数字在数字列表中的排位。其中 Number 为需要找到排位的数字，一般采用要排名的单元格。ref 为排名的区域，使用时要绝对引用。order 为一个数字，指明排位的方式。为 0 或省略，按照降序排列，非零为升序。

（7）数组函数 Frequency(data_array,bins_array)。该函数是以一列垂直数组返回某个区域中数据的频率分布。由于函数 Frequency()返回一个数组，因此必须以数组公式的形式输入。参数 data_array 为一个数组或对一组数值的引用，用来计算频率；bins_array 为间隔的数组或对间隔的引用，该间隔用于对 data_array 中的数值进行分组。

三、实验内容与步骤

打开原始文件“sjtjfx.xlsx”后将其另存为“sjtjfx_ex.xlsx”。

（1）单击“统计销售表”，使用统计函数计算销量，参照效果图 11-5 进行。

产品销量统计

日期	产品A	产品B	产品C
2007-12-1	321	458	452
2007-12-2	350	498	364
2007-12-3	289	250	333
2007-12-4	290	350	269
2007-12-5	320	387	279
2007-12-6	396	159	369
2007-12-7	405	287	587
2007-12-8	289	368	413
2007-12-9	261	541	267
2007-12-10	397	157	290

产品销量指标分析

分析指标	产品A	产品B	产品C
最大值	405	541	587
最小值	261	157	267
第2最大值	397	498	452
第2最小值	289	159	269
众数	289	#N/A	#N/A
中位数	320.5	359	348.5
平均值	331.8	345.5	362.3
25%处数据	289.25	259.25	281.75
75%处数据	384.5	440.25	402
标准偏差	52.431543	133.01566	101.08638

图 11-5　统计销售量结果

提示步骤略。

（2）单击工作表“销量排名和分段统计”，参照效果图 11-6、图 11-7 完成。

销量统计与排名

销售员	销量	销售排名
张雷	3771	3
郭东海	4062	2
王小青	3603	4
黄丽	4334	1

图 11-6　统计销售表效果图

分段统计销量

销量分段点	次数	比例
	2	5.56%
200	8	22.22%
300	8	22.22%
400	5	13.89%
500	8	22.22%
600	3	8.33%
700	1	2.78%
800	0	0.00%
900	1	2.78%

图 11-7　分段统计销量效果图

提示步骤如下。

① 定义名称。选择 C2:C37 区域，然后在“公式“选项卡中单击“定义名称”右侧的下三角按钮，定义“销售员”名称；同样方法选择 B2:B37 区域，新建“销量”名称。

② 设置公式统计销量。提示：在 G4 单元格中输入=SUMIF（销售员，F4，销量）拖动 G4 单元格右下角的填充柄，向下复制公式，得到每位销售员的销量。

③ 选择大小排名函数 RANK(Number, Ref, order)。选中 H4 单元格，输入公式 Rank()，Number

为需要排名的对象，单击"G4"单元格。用鼠标拖动选中 G4:G7，然后按下 F4 键设置绝对引用。单击"确定"按钮，返回工作表。拖动 H4 单元的公式向下复制。

④ 参照"分段统计销量效果图"中的第一列数据，在表格右边空白区域 F17:F24 分别输入 200～900 等 8 个数，创建"分段统计销量"区域。

⑤ 输入公式统计各销量段出现的次数。提示：①选择区域 G16:G24；②在编辑栏输入公式 =Frequency(销量，F16:F24)；③ 按下 Ctrl+Shift+Enter 组合键后，即可得到分段统计结果。

⑥ 设置公式计算各销量段的次数比例。①在单元格 H16 输入公式=G16/COUNT（销量），按下回车键后，向下复制公式;②设置百分比格式，保留百分比后两位。

四、实践与思考

在实验内容（2）的步骤③中，对 RANK 函数中的 Ref 设置时，用鼠标拖动选中 G4:G7 后，为何要按下 F4 键设置绝对引用？

实验 4　图表应用

一、实验目的

- 通过本实验练习，学会利用图表进行统计。
- 掌握图表的插入、编辑与修饰。

二、预备知识

本实验可通过折线图、柱形图和饼图对企业的经营收入与生产成本、当年和来年的经营收入以及长期经营状况进行不同角度的统计，通过阅读图表，对数据统计与分析有一个全方位的了解。

三、实验内容与步骤

打开原始文件"sjtjfx.xlsx"后将其另存为"sjtjfx_ex.xlsx"。单击工作表"图表统计"。创建企业经营、生产成本对比图。参照效果图进行操作。

（1）选择图表类型。在"插入"选项卡选择"折线图"。

（2）"选择数据源"对话框。选择数据源为区域 B3:C21。

（3）"选择数据源"对话框。编辑水平轴标签。在轴标签对话框中选定 A4:A21。

（4）选中图表，在"图标工具-布局"选项卡下单击图表标题按钮，设置图表标题位置为"图表上方"；在同一选项卡里继续设置横坐标标题为"坐标轴下方标题"选项、纵坐标标题为"竖排标题"。然后按照效果图进行图表标题、横坐标标题、纵坐标标题输入。

（5）设置绘图区格式。①右击绘图区；②从弹出的快捷菜单中单击"设置绘图区格式"命令；③ 选择填充效果，在"图片或纹理填充"单选按钮中选择"羊皮纸"。

（6）选中图表区，在"图表工具-格式-形状样式"选项卡下选择"细微效果-深色 1"，或"中等效果-强调颜色 2"。最后结果见图 11-8 和图 11-9。

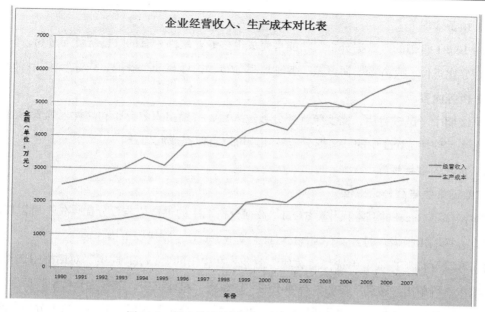

图 11-8　图表统计效果图（细微效果-深色 1）

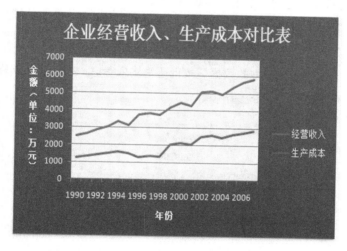

图 11-9　图表统计效果图（中等效果-强调颜色 2）

11.3　数据分析与规划求解

实验 5　数据分析

一、实验目的

- 学会应用 Excel 中的"分析工具库"做简单的数据分析。

二、预备知识

使用 Excel 自带的"数据分析"功能可完成很多专业软件才有的数据统计与分析，其中包括排位与百分比排位、直方图、协方差、各种概率分布、抽样与动态模拟、线性与非线性回归、多元回归分析等内容。

某班级期中考试进行后，需要统计各分数段人数，并给出人数分布和累计人数表的直方图以供分析参考。使用 Excel 中的"数据分析"功能可以直接完成此任务。

三、实验内容与步骤

1. 数据排位与百分比排位

排序操作是 Excel 的基本操作，Excel"数据分析"中的"排位与百分比排位"可以使这个工作简化，直接输出报表。打开文件 sjfx1. xlsx，单击 sheet1，完成以下操作。

（1）在"文件"选项卡中选择"选项"命令，在弹出的"Excel 选项"对话框中选择"加载项"选项卡，再单击"转到"按钮，在弹出的"加载宏"对话框中，选中"分析工具库"复选框。

（2）在"数据"选项卡的"分析"组中，单击"数据分析"按钮，弹出"数据分析"对话框，选择"排位与百分比排位"选项，单击"确定"按钮。

（3）在弹出的"排位与百分比排位"对话框（见图 11-10）中，选择：

① 输入区域，为选择要排位的数据区域。

② 分组方式，指示输入区域中的数据是按行还是按列考虑，根据原数据格式选择。

③ 输出区域，可选择本表、新工作表等。

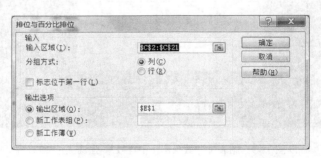

图 11-10 "排位与百分比排位"对话框

最后生成的分析结果如图 11-11 所示，此时生成一个 4 列数据列表，其中"点"是指排序后原数据的序数，在本实例中对应于学号，这也是很实用的一个序列。"列 1"即为排序后的数据系列，"排位"采取重复数据占用同一位置的统计方法。"百分比"是按照降序排列的，为了得到真正的"百分比排位"，还需要稍微做一下调整。在"百分比"列的下一列输入"百分比排名"，在第一个单元格中输入公式 =1-G3（对应于"百分比排名"），回车。选中该单元格，向下拖动直至填充完毕。这样就达到了显示百分比排名的目的。

2. 运用直方图进行数据分析

打开文件 sjfx1.xlsx，单击 sheet2，完成以下操作。

（1）运用函数 Round()、Average()计算平均成绩，要求保留 1 位小数位数。

（2）在数据列表的右侧区域中输入分段统计的数据间隔序列，该区域包含一组可选的用来定义接收区域的边界值。这些值按升序排列。如图 11-12 所示。

	A	B	C	D	E	F	G	H	I
1	学号	姓名	成绩		点	列1	排位	百分比	百分比排名
2	200501	陈伟琼	99		1	99	1	94.70%	5.30%
3	200502	高文海	76		16	99	1	94.70%	5.30%
4	200503	高婕	96		3	96	3	89.40%	10.60%
5	200504	谭时梅	70		11	94	4	78.90%	21.10%
6	200505	郑潮	87		15	94	4	78.90%	21.10%
7	200506	王国平	73		13	91	6	73.60%	26.40%
8	200507	徐浩明	73		18	88	7	68.40%	31.60%
9	200508	周洪杰	81		5	87	8	57.80%	42.20%
10	200510	陈尚兴	84		19	87	8	57.80%	42.20%
11	200511	廖伟彬	55		9	84	10	52.60%	47.40%
12	200511	罗书元	94		8	81	11	47.30%	52.70%
13	200512	区国钦	59		20	78	12	42.10%	57.90%
14	200513	曾伟力	91		2	76	13	36.80%	63.20%
15	200514	张穗存	49		6	73	14	26.30%	73.70%
16	200515	张茂强	94		7	73	14	26.30%	73.70%
17	200516	郑雄	99		4	70	16	21.00%	79.00%
18	200517	沈劲	52		12	59	17	15.70%	84.30%
19	200519	谭建颖	88		10	55	18	10.50%	89.50%
20	200519	胡军	87		17	52	19	5.20%	94.80%
21	200520	李涛	78		14	49	20	0.00%	100.00%

图 11-11　分析结果

	A	B	C	D	E	F	G	H	I
1	学号	姓名	语文	数学	英语	平均成绩			
2	20140501	陈伟琼	99	80	74	84.3		分数段区域	
3	20140502	高文海	76	48	77	67		0	
4	20140503	高婕	96	70	42	69.3		20	
5	20140504	谭时梅	70	80	67	72.3		40	
6	20140505	郑潮	87	80	93	86.7		50	
7	20140506	王国平	73	86	52	70.3		60	
8	20140507	徐浩明	73	70	65	69.3		70	
9	20140508	周洪杰	81	93	45	73		80	
10	20140509	陈尚兴	84	84	62	76.7		90	
11	20140510	廖伟彬	55	83	51	63		100	
12	20140511	罗书元	94	83	48	75			
13	20140512	区国钦	59	72	87	72.7			

图 11-12　数据接收序列

（3）在"数据分析"对话框中选择"直方图"选项，弹出"直方图"对话框后，填写：

① 输入区域，原始数据区域。

② 接受区域，数据间隔序列。

③ 输出区域，可直接插入当前表格中。

④ 若选中"累计百分率"复选框，则会在直方图上叠加累计频率曲线。

（4）输入完毕后。生成相应的直方图，如图 11-13 所示。

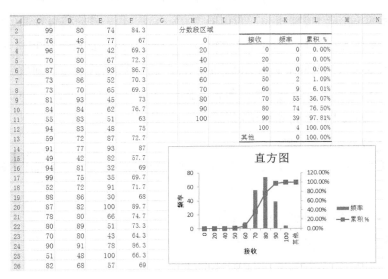

图 11-13　直方图

四、实践与思考

独立完成本实验，并思考运用直方图进行数据分析和运用函数 Frequency() 进行数据分析的异同点。

实验 6 规划求解

一、实验目的

• 学会应用 Excel 中的"规划求解加载项"做简单的规划求解，解决企业运营中经常遇到的生产方案选择和利润最值求解问题。

二、预备知识

日常生活中，人们总希望用最小的人力、物力、财力和时间去做更多的事，这就是优化问题。而最优化问题的数学模型是考虑在某种约束条件下寻找某个目标函数的最大或最小值，其解法称为最优化方法。本实验通过运用 Excel 提供的规划求解工具和方案管理器等功能分析数据，解决企业运营中经常遇到的生产方案选择和利润最值求解问题。

对于安排生产计划，企业要考虑多方面的约束条件，如生产能力约束、生产工时约束、市场需求约束等。在诸多的约束条件中，企业要优先考虑生产能力和生产工时的约束，在此基础上对企业整个生产计划进行安排。但仅考虑这两个约束条件是不够的，还必须综合考虑投产资金、生产能力和利润。因此建立生产计划的数学模型可以成本最小化或利润最大化为目标函数，而以生产能力、生产工时和投入资金等作为约束条件。

三、实验内容与步骤

某企业需同时生产三种产品。生产 A 产品的单位成本为 150 元，单位时间为 0.3 小时，每一件的利润为 200 元；生产 B 产品的单位成本为 200 元，单位时间为 0.5 小时，每一件的利润 260 元；生产 C 产品的单位成本 250 元，单位时间为 0.8 小时，每一件的利润为 310 元。根据下月订单和库存情况，该月 A 产品至少需要生产 120 件，B 产品至少需要生产 100 件，C 产品至少需要生产 80 件，该月能生产的时间限制为 240 小时。现需要按两种方案进行规划求解，分别计算出最低成本和最大利润，若对成本进行规划求解，要求每月实现的利润至少为 120000 元，若对利润进行规划求解，每月的成本限额为 60000 元。

1. 生产成本最小化规划求解

根据上述需求，现假设 A、B、C 三种产品的产量分别为 x、y、z。求解成本最小化可以列出如下的数学表达式。

目标函数：$K_{min}=150x+200y+250z$

工时限制条件：$0.3x+0.5y+0.8z \leqslant 240$

最低利润限制条件：$200x+260y+310z \geqslant 120000$

生产数量：$x>120$； $y>120$； $z>80$

根据上面列出的条件，首先进行生产成本最小化的规划求解。具体操作步骤如下。

（1）加载“规划求解”分析工具

① 打开“Excel”选项对话框。

② 加载宏。单击“加载项”切换至“加载项”选项卡下，单击“转到”按钮，在弹出的“加载宏”对话框中勾选“规划求解加载项”复选框，如图 11-14 所示。

③ 成功加载后可在“数据”选项卡中看到“规划求解”工具。

图 11-14　加载宏

（2）创建成本最小化求解模型

① 新建工作簿文件名为“生产成本最小化规划求解”，在工作表 Sheet1 中创建表格，并输入已知数据，将要求解的单元格区域和需要设置公式的单元格区域填充为不同的颜色，如图 11-15 所示。

	A	B	C	D	E	F
1	企业生产方案规划求解					
2	1、成本最小化规划求解					
3	产品	成本（元/件）	生产时间(小时/件)	利润(元/件)	产量(件)	生产成本小计(元)
4	甲	150	0.3	200		
5	乙	200	0.5	260		
6	丙	250	0.8	310		
7						
8	每月需实际销售利润	120000				
9	生产时间限制	240				
10	A产品产量限制(件)	120				
11	B产品产量限制(件)	100				
12	C产品产量限制(件)	80				
13						
14	实际销售利润	0				
15	实际生产时间	0				
16	每月最低生产成本	0				
17						

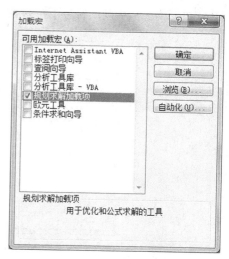

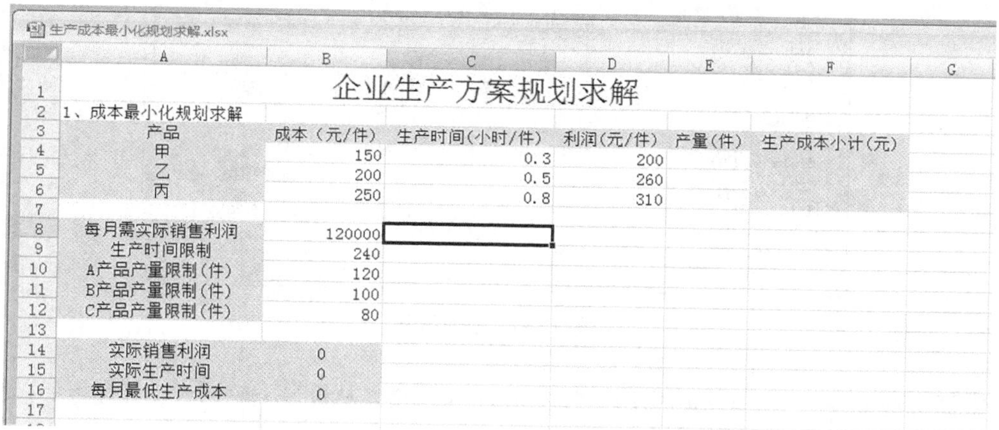

图 11-15　创建表格

② 输入公式计算生产成本小计。在 F4 单元中输入公式“=B4*E4”，复制公式后得到三种产品的生产成本。

③ 输入公式计算实际销售利润。在 B14 单元中输入公式“=D4*E4+D5*E5+D6*E6”。

④ 输入公式计算实际生产时间。在 B15 单元中输入公式“=C4*E4+C5*E5+C6*E6”。

（3） 进行生产成本最小化规划求解

① 启动规划求解。在“数据”选项卡下单击“规划求解”按钮即可。

② 在“规划求解参数”对话框中进行设置。目标单元格为 B16，在“等于”选项中单击“最小值”，可变单元格中选区域 E4:E6，如图 11-16 所示。

③ 加约束条件 1。单击“添加”按钮，在“添加约束”对话框中，设置“单元格引用位置”

$E$4 单元格。从中间的符号下拉列表中选择 int.，如图 11-17 所示。

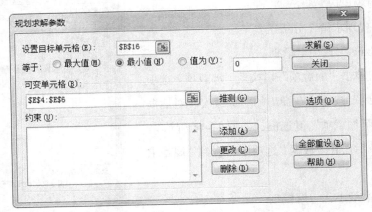

图 11-16　设置目标单元格

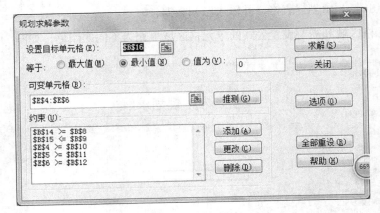

图 11-17　添加约束

④ 添加约束条件 2。单元格引用位置为$E$4 单元格；从符号下拉列表中选择 > =；约束值为$B$10。

⑤ 添加约束条件 3。单元格引用位置为$E$5 单元格；从中间的符号下拉列表中选择 int。

⑥ 添加约束条件 4。单元格引用位置为$E$5 单元格；从中间的符号下拉列表中选择 > =；约束值为$B$11。

⑦ 添加约束条件 5。单元格引用位置为$E$6 单元格；从符号下拉列表中选择 int。

⑧ 添加约束条件 6。单元格引用位置为$E$6 单元格；从符号下拉列表中选择 > =；约束值为$B$12。

⑨ 添加约束条件 7。单元格引用位置为$B$14 单元格；从符号下拉列表中选择 > =；约束值为$B$8。

⑩ 添加约束条件 8。单元格引用位置为$B$15 单元格；从符号下拉列表中选择<=；约束值为$B$9。

设置完后返回到"规划求解参数"对话框，确认设置后单击"求解"按钮。出现"规划求解结果"对话框，如图 11-18 所示。单击"确定"按钮后，在原工作单中就有了求解结果。

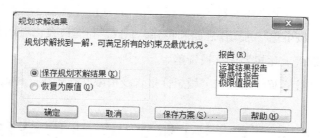

图 11-18　规划求解结果

（4）创建成本最小化规划求解报告

在图 11-18 中，如用鼠标选择"运算结果报告"，单击"确定"后，返回工作簿中，此时系统会自动在当前工作表中插入"运算结果报告 1"工作表。此时可将原 Sheet1 工作表标签重命名为"生产成本最优化求解"。

系统也可生成敏感性报告和极限性报告，但要先删除"约束"列表框中另外两个整数约束条件才能得到。

运算结果报告列出了目标单元格和可变单元格及其初始值、最终结果、约束条件以及有关约束条件信息；敏感性报告显示关于求解结果对"规划求解参数"对话框的"目标单元格"列表框中所制定的公式的微小变化或约束条件的微小变化的敏感程度的信息；极限值报告列出了目标单元和可变单元格及其各自的数值、上下限和目标值，下限是在保持其他可变单元格数值不变并满足约束条件的情况下，某个可变单元格可以取到的最小值，上限是在这种情况下可以取到的最大值。含有整数约束的模型不能生成后两种报告。

2. 利润最大化规划求解

在实际工作中，还有一种产品组合的优化问题，即在生产成本、生产工时、生产产量等限制条件下，求解最大化销售利润。

其数学模型跟求成本最小化基本相同。

目标函数：　　　　　　　　$K_{max}=200x+260y+310z$

工时限制条件：　　　　　　$0.3x+0.5y+0.8z \leqslant 240$

最高成本限制条件：　　　　$150x+200y+250z \leqslant 60000$

产量：　　　　　　　　　　$x>120；y>120；z>80$

其销售利润最大化求解表格模型跟前面的求成本最小化表格模型基本相同。只需改变 4 个单元格的内容：①把 F3 单元格中的"生产成本小计（元）"改为"销售利润小计（元）"；②把 A8 单元格中的"每月需实际销售利润"改为"生产成本限制"；③把 A14 单元格中的"实际销售利润"改为"实际生产成本"；④把 A16 单元格中的"每月最低生产成本"改为"每月销售利润总计"。

四、实践与思考

（1）独立完成生产成本最小化规划求解实验，并回答如何才能生成敏感性报告和极限性报告？

（2）根据"求成本最小化"的操作思路和步骤，完成"利润最大化规划求解"。写出相应的操作步骤并生成三张利润最大化规划求解报告单。

（3）简要分析与解读运算结果报告、敏感性报告及极限性报告等三种报告的结果。

11.4 Excel 数据管理与分析

实验 7 数据排序

一、实验目的

- 理解数据列表的特点。
- 掌握数据的多字段排序。

二、预备知识

在 Excel 中，数据列表其实是对数据库表的约定称呼，它与数据库一样，是一张二维表，在工作表中是一片连续且无空行和空列的数据区域。Excel 的数据分析就是对数据列表进行排序、筛选、分类汇总及创建数据透视表等操作。在高版本的 Excel 中，数据分析是基于数据列表进行的，因此不能对数据列表进行单元格的合并操作。

排序：普通排序比较简单，直接单击"数据"菜单中的"排序卡"进行。对于单个字段的排序，可先把光标移至要排序的字段（列）中，直接单击"排序与筛选"卡中的"↓"或"↑"。

对于自定义序列排序，则在弹出的"排序"对话框中的主关键字右边的"次序"下拉列表中选择"自定义序列"选项进行排序。在弹出的"自定义序列"对话框中，输入序列后单击"添加"按钮即可。也可先在"文件"菜单中的"选项"菜单项的"高级"栏目中直接单击"编辑自定义序列"，在弹出的对话框中导入数据序列。

三、实验内容与步骤

打开工作薄文档 sjfx2.xlsx，将源文件另存为 sjfx2_bk.xlsx，完成下列操作。

（1）单击工作表"销售记录"，在"数据"选项卡的"排序与筛选"组中，单击↓按钮直接对数据列表中的销售金额进行升序排序，然后恢复原数据列表的数据顺序。

（2）单击"销售记录"工作表，依次对销售月份、销售组别和相机型号进行升序排序后恢复原数据列表的顺序。

（3）单击"销售记录"工作表，对相机型号按"自定义序列"（三星 NV3、索尼 T100、理光 R6、索尼 T20）进行排序，将排序结果复制到当前工作簿的以 sheet6!A1 为左上角的区域中，然后回到"销售记录"工作表，恢复原数据列表的顺序。

实验 8　数据的分类汇总

一、实验目的

掌握数据的分类汇总方法。

二、预备知识

分类汇总是通过 SUBTOTAL()函数利用汇总函数计算得到的。分类字段需要先排序后进行分类汇总。

三、实验内容与步骤

打开工作薄文档 sjfx2.xlsx，将源文件另存为 sjfx2_bk.xlsx，完成下列操作。

（1）单击工作表"销售记录"，进行多字段排序。主关键字为"相机型号"，次关键字为"销售组别"。

（2）在"数据"选项卡"分级显示"组中，单击"分类汇总"按钮，弹出"分类汇总"对话框。确定分类字段为"相机型号"、汇总字段为"销售金额"、汇总方式为"求和"。

（3）再次单击"分类汇总"按钮，分类字段为"销售组别"、汇总字段为"销售金额"、汇总方式为"求和"，取消选中"替换当前分类汇总"复选框，进行嵌套汇总，如图 11-19 所示。汇总结果如图 11-20 所示，单击左边的"＋"、"－"，可实现分级显示。

图 11-19　嵌套汇总设置

图 11-20　汇总结果

（4）将汇总结果复制到当前工作簿的以 sheet7!A1 为左上角的区域中，然后回到"销售记录"工作表，删除汇总结果，恢复原数据列表的顺序。

实验9　数据的筛选和透视分析

一、实验目的

- 了解筛选、高级筛选的涵义，掌握高级筛选的使用方法。
- 掌握用数据透视表分析数据。

二、预备知识

筛选分为自动筛选和高级筛选两种。自动筛选方法简捷，通常应用于条件不复杂的筛选操作。对于自动筛选不能满足的操作，就必须应用高级筛选来完成。"高级筛选"对话框中有3 个要素：列表区域、条件区域、复制到。"列表区域"即为要筛选的数据列表。"条件区域"为设置筛选条件的区域，区域通常包含两部分。区域的首行为所涉及的字段名，称为条件名行，下面为对应的条件行，在同一行中的筛选条件是"与"的关系，不同行之间的条件是"或"的关系。也就是说，同时满足多个条件的话条件必须在同一行，多个条件只需满足一种的话则放在不同行。

为了便捷有效地对多列数据进行跨列分析，Excel 为用户提供了一个强大的分析工具——数据透视表。数据透视表的功能是统计不同的分类汇总的数据。数据透视表汇集了 Excel 的COUNTIF()、SUMIF()函数，分类汇总和自动筛选等多种功能，是分析数据的实用工具。

三、实验内容与步骤

打开工作薄文档 sjfx2.xlsx，将源文件另存为 sjfx2_bk.xlsx，完成下列操作。

1. 筛选

（1）单击"销售记录"工作表，从数据列表中筛选出 2012 年 3 月的销售记录，将筛选结果复制到以 Sheet8!A1 为左上角单元的区域中。提示：在"数据"选项卡的"排序和筛选"组中，单击"筛选"按钮后进行操作。然后回到"销售记录"工作表，清除之前的筛选结果，恢复原始的数据列表。

（2）单击"销售记录"工作表，从数据列表中筛选出销售部数和销售金额均低于平均值的记录。将筛选结果复制到以 Sheet9!A1 为左上角单元的区域中。回到"销售记录"工作表中，清除之前的筛选结果，恢复原始的数据列表。

（3）高级筛选。单击"教师信息"工作表，删除重复（姓名、性别、职称均相同）记录。将筛选后的数据记录复制到同一工作表的 G1 单元中。提示：在"数据"选项卡的"排序和筛选"组中，单击"高级"按钮后进行操作。

（4）在 F 列中重新添加序列号，如图 11-21 为删除前后的数据列表中部分数据对比结果。在新的数据列表$F$1:$I$184 中，筛选出姓"陈"的男性副教授或姓"张"的女性讲师的教师记录，将筛选结果复制到以 Sheet10!A1 为左上角单元的区域中。然后回到教师信息工作表中，清除之前的筛选结果，恢复原始的数据列表。

	序号	姓名	性别	职称		序号	姓名	性别	职称	
175	174	张锦华	男	讲师		174	李旭彬	男	讲师	
176	175	廖剑锋	男	讲师		175	张越	女	副教授	
177	176	李柱	男	教授		176	倪勃	男	讲师	
178	177	林国凯	男	讲师		177	郑绮静	女	副教授	
179	178	胡庆鹏	男	讲师		178	贺寒锐	女	副教授	
180	179	雷鸣	男	副教授		179	陈昱娟	女	讲师	
181	180	杨克刚	男	助教		180	钟成梦	女	副教授	
182	181	张宏	女	副教授		181	朱泽艳	女	副教授	
183	182	刘溪	女	副教授		182	张茂强	男	讲师	
184	183	何平	男	教授		183	黄少峰	男	副教授	
185	184	肖毅	女	助教						
186	185	吴浩权	男	教授						
187	186	黄翼	女	副教授						
188	187	赵舰	男	副教授						
189	188	甘励	男	副教授						
190	189	吴桂青	女	副教授						
191	190	林伟庆	男	副教授						
192	191	曾英华	女	副教授						
193	192	林敏杰	男	讲师						
194	193	萧红杰	女	讲师						

图 11-21　删除前后的数据列表中部分数据对比结果

2. 数据透视

单击"人力资源统计表"工作表，创建一张企业人力资源综合透视表，按部门统计男、女职员中各类不同学历的平均年龄和平均工资，并将透视表放在工作表 Sheet11 中。操作提示：在"插入"选项卡的"表格"组中，单击"数据透视表"按钮，在弹出的"创建数据透视表"对话框中按步骤进行操作。结果如图 11-22 所示。

列标签								
	本科		大专		硕士		平均年龄汇总	平均工资汇总
行标签	平均年龄	平均工资	平均年龄	平均工资	平均年龄	平均工资		
财务部	27	4500			32	8000	28	5375
男	25	4500			32	8000	29	6250
女	28	4500					28	4500
采购部	23	4000	26	3000	30	8000	26	4400
女	23	4000	26	3000	30	8000	26	4400
行政部	28	5000	23	2750			24	3500
男	28	5000	23	2750			24	3500
企划部	26	4333	25	2800			25	3720
男	23	3500					23	3500
女	28	4750	25	2800			26	3775
销售部	26	6000	24	3000			25	4875
男	27	6250	25	3000			26	5167
女	23	5000	24	3000			24	4000
研发部	29	5000			31	7375	30	6056
男	25	5000			29	6500	27	5750
女	32	5000			34	8250	32	6300
总计	27	4974	24	2900	31	7583	27	4885

图 11-22　人力资源数据透视表

四、实践与思考

（1）在完成高级筛选的实验后，尝试用其他方法来删除重复记录。

（2）高级筛选的关键是建立条件区，总结在实践过程中容易出现的错误操作。

（3）尝试将区域 Sheet2!\$A\$1:\$D\$31 数据列表中的语文、数学和英语成绩填入区域 Sheet3!\$A\$1:\$G\$31 数据列表中姓名对应相同的单元格中。

（4）尝试填写区域 Sheet5!\$B\$2:\$C\$151 中的数据，其数据来源于数据列表 Sheet4!\$A\$1:\$G\$301 中对应相同的单元格中。

第 12 章
Flash 动画制作

12.1　Flash 基础知识

　　Flash 是一种制作网络交互动画的工具软件。它使用矢量图形和流式播放技术，制作出的动画文件体积小，非常适合在网络上进行传输，其流式播放技术使得 Flash 文件可以一边下载一边播放。它支持动画、声音及交互功能，是制作动态网页的不可或缺的优秀工具软件。本节介绍了 Flash 的一些相关概念。

1. 动画的定义

　　在计算机科学中，动画的概念不同于一般意义上的动画片，动画是一种综合艺术，它是集合了绘画、漫画、电影、数字媒体、摄影、音乐、文学等众多艺术门类于一身的艺术表现形式。动画制作工具的作用就是把一些原先不活动的东西，经过影片的制作与放映，变成会活动的影像，即为动画。

　　所谓动画就是将一张张静态的图像连续快速显示而形成的，这些静态的图像称作帧（Frame），帧是动画的基本单位。帧频（Frame Rate）是指每秒播放的帧数，单位为 fps。帧频决定了动画的播放速度，较高的帧频可以使动画的过渡较为平滑，影片播放更为流畅，但过高的帧频又会使影片在播放时因文件过大而产生停顿。在网上播放的动画一般采用 12 fps 的帧频。

　　传统动画是由美术动画电影传统的制作方法制作，成本较高。计算机动画是借助计算机来制作动画，计算机的普及和强大的功能革新了动画的制作和表现方式。由于计算机动画可以完成一些简单的中间帧，使得动画的制作得到了简化，只需要制作关键帧。Adobe Flash 就是用于创建动画和多媒体内容的强大的创作平台。

2. Flash 相关概念

　　位图图像由独立像素栅格上的点（像素点）组成，由于要储存每个点的位置和颜色信息，故而使得位图图像占用的存储空间较多，并且文件尺寸较大。它的优点是能够真实、自然地描述像照片等色彩多变的图像，逼真地再现真实世界；其缺点是除了占用较大的存储空间外，对图像进行缩放操作时会导致失真，故而不适宜在网上使用。

矢量图不是由单个的像素点来组成图像，而是用坐标描述的点的位置和点间的连线来绘制图形。这种用矢量方式记录的图像其文件尺寸很小，而且可以随意缩放而不影响图像的质量，这些优点对于 Web 应用有着特别重要的意义。矢量图由轮廓线（线条，Stroke）和轮廓线所包围的区域（填充，Fill）两部分组成，编辑矢量图实际上是对它的线条和填充的属性（线型、粗细、颜色等）进行修改。

时间轴是 Flash 的核心部分，它通过二维空间—时间和深度，按图形方式排列 Flash 影片的内容。分为帧序列（水平方向）和图层序列（竖直方向）两个基本区域。时间轴用于组织和控制文档内容在一定时间内播放的图层数和帧数。与胶片一样，Flash 文档也将时长分为帧。时间轴的主要组件是图层、帧和播放头。沿时间轴以一定的速度向左或向右拖动播放头可以预览动画，这叫"拖刷时间轴"。

图层就像堆叠在一起的多张幻灯胶片一样，每个图层都包含一个显示在舞台中的不同图像。从上到下排列的是图层（新建的影片文件中默认只有一个图层），图层相当于话剧舞台上的多层布景和演员，在同一时刻我们可以看到处于不同图层的重叠的多个独立的帧。一般情况下，上方图层帧中的对象会遮盖下方图层帧中的对象。每个图层都有一个默认的图层名，用户也可以为每个图层重新命名。为图层起一个有意义的名字是非常重要和必要的。直接拖曳图层名可以轻易地改变图层的上下次序。

组成 Flash 动画的一幅幅静态的图像称作帧，帧是动画的基本单位。帧又分为关键帧和普通帧，关键帧又分为关键帧和空白关键帧。所谓关键帧，是指允许用户直接在上面放置对象的帧，它也是时间轴中图层发生了突变（而不是渐变）的帧，而空白关键帧则是其中没有任何对象的一种关键帧。关键帧以实心小黑点来表示，空白关键帧以空白方框来表示，其余的都是普通帧。

3. 补间动画的种类

做 Flash 动画时，在两个关键帧中间需要做"补间动画"，正是由补间动画才实现图画的运动；插入补间动画后两个关键帧之间的插补帧是由计算机自动运算而得到的。Flash 动画制作中补间动画分两类：一类是形状补间，用于形状的动画；另一类是动画补间，用于图形及元件的动画，也叫作动作补间。显示中的所有动画都是由这两种补间动画混合所得到的各种动态效果。

通俗地说，动画补间是由一个形态到另一个形态的变化过程，像移动位置、改变角度等。在 Flash 制作过程中，动画补间是淡紫色底加一个黑色箭头组成的。形状补间是由一个物体到另一个物体间的变化过程，像由三角形变成四方形等。形状补间是淡绿色底加一个黑色箭头组成的。比如在图 12-1 中，图层"花"中使用到了补间动画，但是有时候，创建补间会失败，这时图层就变成虚线了。

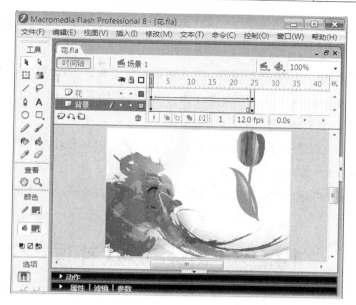

图 12-1　基本概念认识

4. Flash 工作环境

这里主要介绍一下 Flash 的工作界面，并对其各部分的基本功能做简要概括。

Flash 的工作界面主要包括舞台、时间轴、工具箱、菜单栏、工具栏、浮动面板和库等，如图 12-2 所示。

图 12-2　Flash 的工作界面

舞台（Stage）：绘制图形、编辑文本和排列对象的一个矩形区域，处于文档窗口的正中间。

工作区（Work Area）：围绕舞台的一个浅灰色区域，用来放置那些在动画中准备移入或已经移出舞台的对象。执行"View"｜"Work Area"命令可以显示或隐藏工作区。

时间线（Timeline）：其默认位置在文档窗口的上部，帧序列（水平方向）和图层序列（竖直方向）的编排区。

工具箱（Toolbox）：其默认位置在 Flash 程序窗口的左部，里面提供了大量的绘图和图形编辑工具。

菜单栏（Menu Bar）：在 Flash 程序窗口的上方，包括了所有 Flash 程序的系统命令。

主工具栏（Main Toolbar）：在 Flash 程序窗口中菜单栏的下方，里面以工具按钮的方式集中了常用的 Flash 命令。是 Flash 的三个工具栏之一。

面板（Panels）：Flash 提供了大量的浮动面板，它们是一组具有对各种 Flash 对象进行颜色选择、参数设置、添加动作等功能的对话框。

库（Library）：用来存放所在可以在 Flash 影片中重复使用的符号、导入的声音和位图的窗口。

12.2　Flash 形状补间

实验 1　Flash 形状补间实验

一、实验目的
- 掌握 Flash 基本工具的使用。
- 熟悉形状补间动画的制作。

二、预备知识

形状补间是由一个物体到另一个物体间的变化过程，像由三角形变成四方形等。形状补间是淡绿色底加一个黑色箭头组成的。

用于形状渐变的对象只能是图形，而不能是组合、符号、文本和导入的位图。形状渐变动画可用于制作图形对象的变形、缩放、变色等效果的动画。可以直接利用 Flash 的绘图工具在舞台上绘制图形。若要对文本进行形状渐变的话，必须先用"Modify"|"Break Apart"命令将它打散变成图形。

现在看一个形状渐变的例子。将一个手写的红色"日"字渐变成一个黄色的"月"字。首先创建一个新的影片文件并设置相应的属性。操作步骤如下。

（1）创建一个新的 Flash 影片文件。

（2）执行"Modify"|"Movie"命令，在"影片属性"（Movie Properties）对话框中设置影片的背景色（Background）为淡蓝色。

（3）单击激活屏幕左侧工具箱中的画刷工具（Brush），并选择填充色（Fill Color）为红色。

（4）在舞台中间书写一个红色的"日"字。

（5）单击时间线中的第 40 帧（渐变的结束帧），按 F7 键插入一个空白关键帧。

（6）再在舞台中间书写一个黄色的"月"字。

（7）单击选定第 1 帧，并执行 "Window" ｜ "Panels" ｜ "Frame" 命令打开 "帧"（Frame）面板。

（8）设置 "帧" 面板中的 "渐变"（Tweening）下拉列表为 "形状渐变"（Shape）。

播放时可以清楚地看见，不但图形从 "日" 字形渐变成 "月" 字形，而且颜色也从红色渐变成了黄色。中间过渡帧中的图形都是 Flash 自动计算添加的。用户可以通过设置图形线索（Shape Hint）暗示点来更有效地控制动画的形状渐变，它们使图形中指定的点在渐变过程中保持相对位置不变。操作步骤如下。

（1）单击时间线中的第 1 帧（渐变的起始帧），执行 "Modify" ｜ "Transform" ｜ "Add Shape Hint" 命令。

（2）把 "日" 字中央出现的红色暗示点（内含字母 a）移到 "日" 字左上角，暗示点变成了黄色。

（3）单击时间线中的第 40 帧（渐变的结束帧），将内含字母 a 的绿色暗示点相应地移到 "月" 字的左上角。

（4）重复操作，在第 1 帧 "日" 字的 4 个角上各设置一个暗示点（a、b、c 和 d），再在第 40 帧中将 4 个暗示点分别移到相应的位置。

注意要使起始帧和结束帧中的暗示点相匹配，a 对应 a、b 对应 b 等。最后结果如图 12-3 所示。

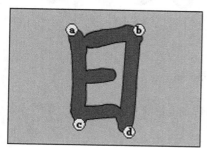

图 12-3　形状渐变的起始帧和结束帧内的暗示点

将暗示点移至图形外面即失效，执行 "Modify" ｜ "Transform" ｜ "Remove All Hints" 命令可删除所有暗示点。

三、实验内容与步骤

制作生日快乐的动画场景。

（1）单击 "文件" 菜单选择 "新建命令"，新建一个 FLASH 影片，将外部素材导入到库中。如图 12-4 所示。

1.png

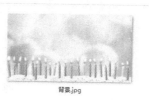

11.png

背景.jpg

烛光.png

图 12-4　库素材文件

（2）将 1.png 拖曳至图层合适位置，将图层更名为"文字"，新建一图层，命名为"遮罩文字"并将 11.png 图片拖曳至与 1.png 图片相近的位置。如图 12-5 所示。

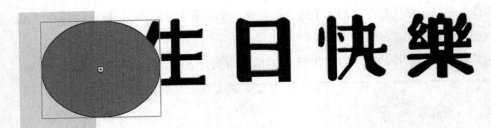

图 12-5　遮罩文字图层

（3）在"遮罩图层"上方新建一图层，命名为"遮罩"，用椭圆工具绘制一椭圆，并置于舞台左侧，在第 40 帧处插入关键帧，将椭圆移动至最右侧，在第 1 帧与第 40 帧之间任选其中一帧，右键选择"创建传统补间"。然后在"遮罩图层"右键选择，创建"遮罩层"。如图 12-6 所示。

图 12-6　遮罩图层

（4）新建一"背景"图层，拖曳至最下方，将背景.jpg 文件置于舞台，并调节大小使其与舞台大小一致。如图 12-7 所示。

图 12-7　背景图层

（5）在"背景"图层上单击鼠标右键，选择"插入图层"新建一个层，取名为"动画"；将烛光.png 文件拖曳至舞台，按 F8 键将其转换为"影片剪辑"元件，命名为"动画蜡烛"。在新窗口中第 10、20、30、40 帧处分别插入关键帧，修改其形状，"创建传统补间"。

（6）回到"动画"图层，将"动画蜡烛"元件分别拖曳至与各蜡烛的"烛光"重合。如图 12-8 所示。按 Ctrl+Enter 测试影片。

图 12-8　动画图层

四、实践与思考

设计一个颜色补间的动画。

12.3　Flash 动作补间

实验 2　Flash 动作补间实验

一、实验目的

- 掌握钢笔的使用方法、颜色的使用等 Flash 动画基础。
- 熟悉动作补间动画的制作。

二、预备知识

动作补间动画是由一个形态到另一个形态的变化过程，像移动位置、改变角度等。动画补间是淡紫色底加一个黑色箭头组成的。运动渐变的对象只能是组合、符号（包括导入的位图）和可编辑文本。运动渐变动画除了用于将对象从一个位置移动到另一个位置外，还可用于制作对象的缩放、扭曲、旋转以及改变颜色或透明度的动画。

三、实验内容与步骤

窗口一共有两个场景，场景一为一个逐帧动画，模拟了小鸟在天空的飞行场景；场景二也是一个逐帧动画，模拟了多只小鸟在天空的飞行场景。

（1）单击"文件"菜单选择"新建命令"，新建一个 Flash 影片。选择修改菜单文档命令，背景色为白色，24 帧频，如图 12-9 所示。

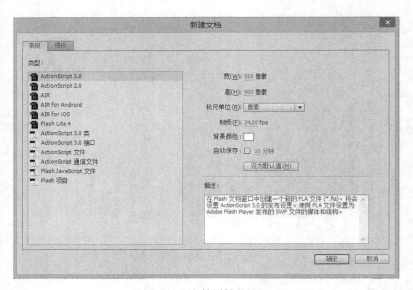

图 12-9　文档属性的设置

（2）选中工具箱中的钢笔工具，设置工具面板中笔触颜色为白色，属性面板中笔触高度为 1，然后在舞台适当位置画上草坪（注意曲线要闭合）。如图 12-10 所示。

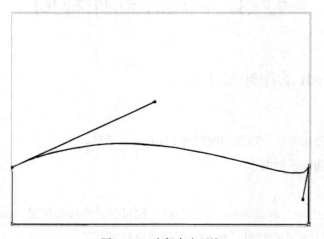

图 12-10　在舞台中画线

（3）选中工具箱中的颜料桶工具，设置工具面板中笔触颜色为线性渐变，向草坪填充颜色，然后保持草坪为选中状态，在颜色面板中设置适当的颜色，如图 12-11 所示。

（4）用第（2）步的方法绘制天空，然后选中工具箱中的颜料桶工具，设置工具面板中笔触颜色为径向渐变，向天空填充颜色，然后保持草坪为选中状态，在颜色面板中设置适当的颜色，如图 12-12 所示。

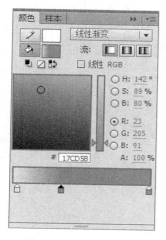
图 12-11　草坪颜色设定

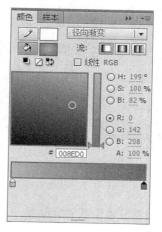
图 12-12　天空颜色设定

（5）至此完成背景的绘制。如图 12-13 所示。

图 12-13　背景的绘制

（6）选择"文件"｜"导入"｜"导入到舞台"将素材序列导进舞台，选择时间轴下方的"编辑多个帧"按钮，并将时间轴上的中括号调整至 7 个帧的宽度，再把第 1 帧到第 7 帧选上。这时可以同时调整各个素材的位置。如图 12-14 所示。

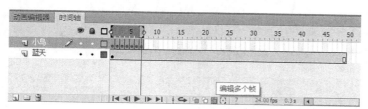
图 12-14　编辑多个帧

（7）保持舞台小鸟素材为选中状态，在属性面板中调节适当的 y 位置，然后单击"编辑多个帧"按钮，取消同时选中素材。如图 12-15 所示。

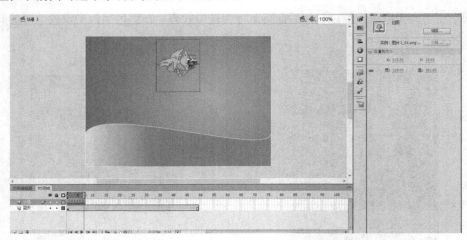

图 12-15　调整合适 y 位置

（8）最后调节各个帧的 x 位置。

（9）复制这一段帧，并粘贴在下一个位置，如图 12-16 所示。

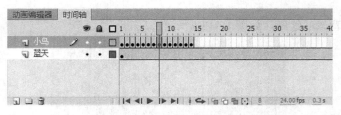

图 12-16　粘贴一段帧

（10）选择时间轴下方的"编辑多个帧"按钮，同时选中素材，并保证红色线位于最后一帧，单击舞台最靠右的小鸟，在属性面板中，调整 x 位置，使小鸟同时向右偏移。如图 12-17 和图 12-18 所示。

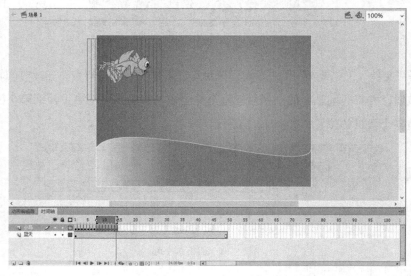

图 12-17　同时编辑素材

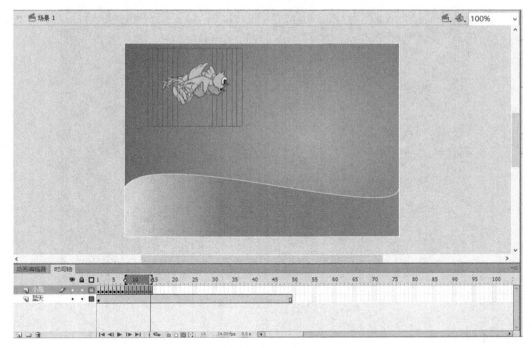

图 12-18　偏移一段距离

（11）重复上述操作，直至完成整个序列。如图 12-19 所示。

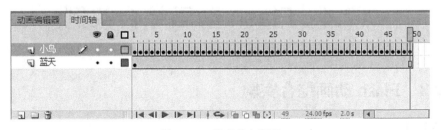

图 12-19　完成整个序列

（12）选择"插入"｜"场景"新建场景二，并将前面场景的小鸟和背景复制到此场景中，再分别创建不同的序列，在适当的位置复制小鸟序列的素材，如图 12-20 所示。

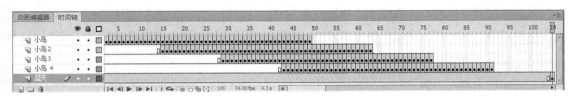

图 12-20　场景二时间轴

（13）重复上述操作，直至完成整个场景。如图 12-21 所示。

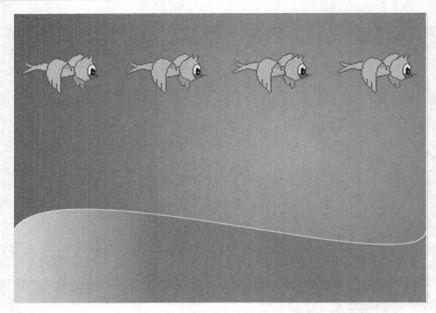

图 12-21　场景二完成图

四、实践与思考

解析一个动画，分析其补间的方式。

12.4　Flash 动画综合实例

实验 3　Flash 动画综合实验

一、实验目的

- 掌握遮罩的创建、使用方法。
- 掌握 Flash 动画配音方法。

二、预备知识

遮罩通俗的解释就是，被遮住的看见，而没有被遮住的看不见。在 Flash 动画中，"遮罩"主要有两种用途，一个作用是用在整个场景或一个特定区域，使场景外的对象或特定区域外的对象不可见，另一个作用是用来遮罩住某一元件的一部分，从而实现一些特殊的效果。

三、实验内容与步骤

场景为动态山水画，模拟了小鸟的飞行，水的碧波涟漪，以及鸟的叫声。

（1）单击"文件"菜单选择"新建命令"，新建一个 Flash 影片。选择修改菜单文档命令，背景色为白色，24 帧频，宽和高分别为 4160 像素和 3120 像素。

（2）单击"开始"｜"导入"｜"导入到舞台"将背景素材导入到舞台中，如图 12-22 所示，并在 60 帧处"插入帧"。

图 12-22　插入背景

（3）单击"插入"｜"新建元件"｜"影片剪辑"新建一个影片剪辑元件，命名为小鸟元件，并在元件编辑窗口中，先选中一帧，再单击"开始"｜"导入"｜"导入到舞台"导入图片序列。如图 12-23 所示。

图 12-23　编辑小鸟元件

（4）切换到场景一，新建图层名为小鸟，将库中的小鸟飞行影片剪辑元件拖至合适位置，并调整大小，在第 60 帧处插入关键帧，然后右键单击该图层，选择"添加传统运动引导层"，此时将生成一个引导层，然后在该引导层下创建多个"小鸟"图层，并拖曳小鸟飞行影片剪辑元件至合适位置。

（5）选中引导层，在引导层用钢笔工具画出多条小鸟运动曲线。如图 12-24 和图 12-25 所示。

（6）分别编辑引导层下各个小鸟图层，使其第一帧的小鸟影片剪辑元件与线段起始点重合，第 60 帧关键帧与终点重合，并右键选择"创建传统补间"。

图 12-24　绘制运动曲线 1

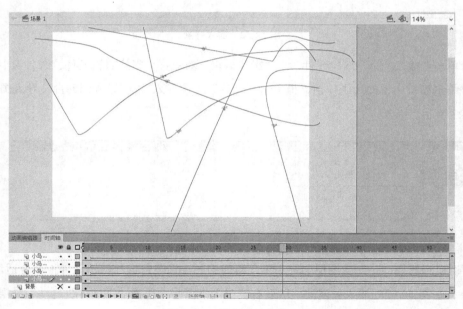

图 12-25　绘制运动曲线 2

（7）在背景图层上方新建一图层水影，并将背景图层的背景素材复制到水影图层，按下方向键，使图层向右和向上移动 2 小格。然后新建一影片剪辑元件，命名为遮罩，编辑遮罩元件，用钢笔工具绘制一封闭曲线，按 Ctrl+T 键，在弹出的变形面板上选择"重制选区和变形"，再调节百分比，生成同心图形，并用颜料桶工具涂上任意颜色。如图 12-26、图 12-27 和图 12-28 所示。

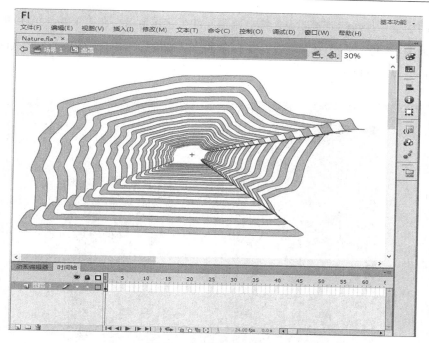

图 12-26 编辑遮罩元件 1

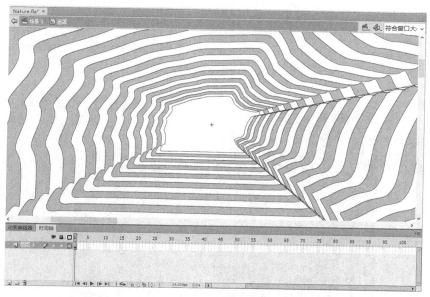

图 12-27 编辑遮罩元件 2

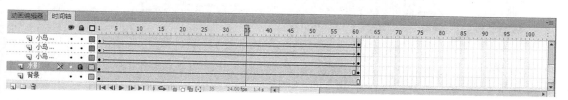

图 12-28 编辑遮罩元件 3

（8）返回场景一，新建遮罩图层，拖动遮罩元件至遮罩窗口，在第 1 帧、第 30 帧、第 60 帧处分别创建如图 12-29、图 12-30 和图 12-31 所示的形状渐变，再右击遮罩图层，将其改为遮罩层。如图 12-32 所示。

图 12-29　遮罩图层第 1 帧

图 12-30　遮罩图层第 30 帧

图 12-31　遮罩图层第 60 帧

图 12-32　编辑遮罩序列

（9）新建声音图层，将素材文件导入库中，并在声音图层任意一帧将库文件拖至舞台，在属性面板中选择"循环播放"。

（10）按 Ctrl+Enter 组合键测试文件。

四、实践与思考

综合运用遮罩功能，将小文字层反遮罩，放大文字遮罩，最后在上面加上一个来回运动的放大镜，形成视觉上同步效果，从而制作具有放大效果的文字。

第 13 章
Dreamweaver 网页设计与制作

13.1　网站管理及网页基本生成

实验 1　网站管理及网页基本操作实验

一、实验目的

- 熟悉 Dreamweaver 的工作界面。
- 掌握本地网站的设置和管理方法。
- 熟悉基本网页的创建过程，学会使用页面属性。
- 掌握网页超链接的概念和设置方法。

二、预备知识

站点（site）是一个存储区，它存储了一个网站包含的所有文件。通俗一点说，一个站点就是一个网站所有内容所存放的文件夹。Dreamweaver 的使用是以站点为基础的，必须为每一个要处理的网站建立一个本地站点。当准备好发布站点时，才将完成的文件上传到远程站点，将它存储在 Web 主机的服务器上。

通常一个网站是由多个网页组成，网页是构成网站的基本元素。网页是一个文件，其扩展名为.html 或.htm，是万维网中的一"页"，是超文本标记语言格式的一个应用。

文字与图片是构成一个网页的两个最基本元素。网页中的主要信息一般都以文本形式为主，图像元素在网页中具有提供信息并展示直观形象的作用。

各个网页链接在一起，才能真正构成一个网站。所谓超链接是指从一个网页指向一个目标的连接关系。这个目标可以是另一个网页，也可以是相同网页上的不同位置，还可以是一个图片、一个电子邮件地址、一个文件，甚至是一个应用程序。在一个网页中，按照使用超链接对象的不同，网页中的链接可以分为文本超链接、图像超链接、图像热点链接、E-mail 链接、锚点链接、空链接等。

当浏览者单击已经链接的文字或图像等，链接目标将显示在浏览器上，并且根据目标的类型来打开或运行。

图像热点链接是在图像上指定一定的范围，并为其添加链接，所添加热点链接的范围称为热点链接。一个图像上可以定义若干个热点区域，实现不同的超链接目标。

锚记链接是在网页的某个位置插入一个标记，并且给该位置定义名称，以便引用。这种链接的目标端点就是命名的锚记点。锚记常用于内容比较大的网页，利用这种链接，可以方便访问者快速定位到当前网页中的某一指定位置，也可以跳转到其他网页中的某一指定位置。

所谓空链接，是一种没有指定位置的链接，一般用于激活页面中的对象或文本，可以为之添加行为。在一般网站首页导航栏中的首页链接，可以是一个空链接。

三、实验内容与步骤

1. 创建本地站点

（1）启动 Dreamweaver，进入 Dreamweaver 的初始对话框中，选择"新建"｜"Dreamweaver 站点"，打开图 13-1 所示"站点设置对象"对话框。

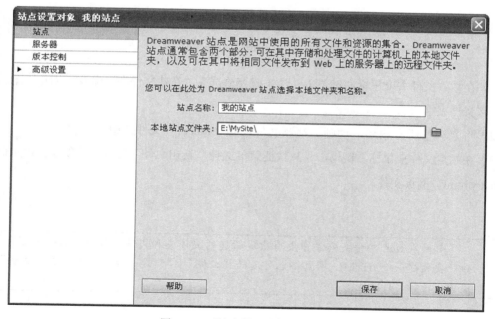

图 13-1　"站点设置对象"对话框

（2）在"站点名称"文本框中输入站点名称"我的站点"，在"本地站点文件夹"文本框中输入要创建的本地站点根文件夹位置"E:\MySite"。

（3）选择后，单击"保存"按钮完成站点创建。

如果要对所建立的站点进行修改，可以选择"站点"｜"管理站点"｜"编辑"命令。

2. 管理站点中的文件和文件夹

完成站点创建后，在窗口右侧会弹出一个如图 13-2 所示的"文件"浮动面板。其中显示出新创建的站点 MySite。在该面板可以完成新建文件夹和文件的操作。

图 13-2　"文件"浮动面板

（1）在站点文件夹上鼠标右键单击，从快捷菜单选择"新建文件夹"命令，创建一个新文件夹，将该文件夹重命名为"image"。

（2）将素材中所有图形、动画、视频文件移到"image"文件夹中。

（3）在站点文件夹鼠标右键单击，从快捷菜单选择"新建文件"命令，将新建文件重命名为"Summary.html"网页文件。

注意　　　　如果在站点文件夹列表中没有出现新建的文件夹和文件，可以单击"刷新" ![C] 按钮。要新建一个 HTML 网页，也可选择"文件"|"新建"命令，在"新建文档"对话框中，选择"HTML"。

3. 创建图文混排的基本网页

创建如图 13-3 所示图文混排的基本网页。

（1）在"文件"面板"我的站点"文件列表中双击 Summary.html 文件，打开该空白网页。

（2）在"文档"工具栏的"标题"中，输入网页标题"广州概述"。

（3）在"属性"面板中单击"页面属性"按钮，设置页面属性。"背景图像"为 image/flower.jpg，"左边距"为 138px，"右边距"为 138px。

（4）在文档窗口选择"插入"|"图像"命令，将 image 文件夹中的图形文件 guanzhou1.jpg 插入文首。

广州概述

- **地理位置**

　　广州简称"穗"，是广东省省会，全省政治、经济、科技、教育和文化的中心。广州市地处中国大陆南方，广东省的中南部，珠江三角洲的北缘，接近珠江流域下游入海口。东连惠州市、东莞市，西邻佛山市、南接中山市，北通清远市、韶关市，濒临南海，毗邻港澳。

　　由于珠江口岛屿众多，水道密布，有虎门、蕉门、洪奇门等水道出海，使广州成为中国远洋航运的优良海港和珠江流域的进出口岸。广州又是京广、广深、广茂和广梅汕铁路的交汇点和华南民用航空交通中心，与全国各地的联系极为密切，因此，广州有中国"南大门"之称。

- **政区人口**

　　广州市辖越秀、海珠、荔湾、天河、白云、黄埔、花都、番禺、南沙、萝岗十区和从化、增城两个县级市，总面积7434.4平方公里，人口1200多万。

- **自然条件**

　　地势和气候：广州地势东北高、西南低，依山傍水，北部和东北部是山区，南部是珠江三角洲冲积平原。亚热带季风气候，夏无酷暑，冬无严寒，雨量充沛，四季如春，繁花似锦。全年平均气温22.8摄氏度，平均相对湿度68%，市区年降雨量为1600毫米以上。

　　广州水域面积7.44万公顷，占全市土地面积约10%。从化一带有丰富的地下温泉，水温摄氏50℃-70℃，含有丰富的矿物质。粮食作物以优质籼稻为主，一年两熟。经济作物以蔬菜、水果、花卉等为主。广州是"水果之乡"，主要产荔枝、龙眼、香蕉、菠萝、木瓜、杨桃等。广州又是"花城"，四季如春，常年繁花似锦，花卉和盆景远近驰名，以阴生观叶植物、高档盆花、鲜切花、岭南盆景为主。阴生观叶植物占全国市场一半以上，红掌、蝴蝶兰、一品红等己成为全国性的生产基地。盆景远销欧美等海外市场。

　　近年来，特别是广州举办2010年亚运会和亚残运会前后，城市建设突飞猛进，打造了一批城市新名片，大大地丰富了广州的旅游资源。广州可供游览参观的项目众多，其中以广州塔、花城广场、海心沙公园、珠江夜游、陈家祠、新荔枝湾涌、南沙湿地公园、莲花山风景区、中山纪念堂、黄埔军校、西汉南越王博物馆、琶洲国际会展中心、华南植物园、从化温泉、番禺香江野生动物世界、宝墨园、北京路商业步行街、上下九路商业步行街等最负盛名。

返回文首

图 13-3　图文混排的基本网页

（5）光标置下一行输入文字"广州概述"，然后选中文字，在"属性"面板中单击"CSS"，设置字体格式。"字体"列表中选择"黑体"（如果没有所选字体，则单击最下方"编辑字体列表"，从"可用字体"列表中选择，并且将选择的字体添加到"选择的字体"列表中）。将弹出"新建 CSS 规则"对话框，在"选择器类型"中选择"类"，在"选择器名称"中输入名称，如"ys2"，在"规则定义"中选择"仅限该文档"，单击"确定"按钮完成字体的设置。

如图 13-4 所示。

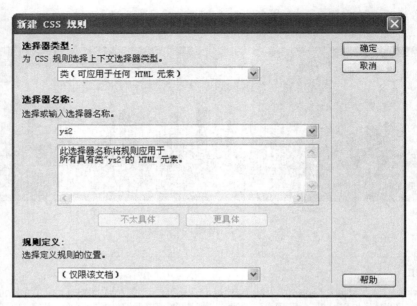

图 13-4　"新建 CSS 规则"对话框

　这里涉及 CSS 的运用，详细使用后续实验中再进一步了解。

（6）字体设置完成后，继续在"属性"面板中设置文字大小为 28px，居中对齐，颜色为"#3CF"。

（7）在下一行，选择"插入"|"HTML"|"水平线"命令，选中水平线，在"属性"面板中设置水平线宽为 80%，高为 2。

（8）选择"文件"|"导入"|"WORD 文档"命令，将"Summary.docx"文档导入网页。

（9）保存 Summary.html 网页文件，按 F12 键在浏览器中浏览当前网页。也可单击"文档工具栏"中的 ⬤. 按钮，预览网页。

4. 在网页中设置超级链接

（1）设置文本超链接

① 选中 Summary.html 网页最后一个自然段第二行文字"广州塔"，选择"插入"|"超级链接"命令，打开图 13-5 所示的"超级链接"面板。

② 设置链接文件为"gz-tower.html"，目标为"_blank"（表示将创建一个新的浏览窗口打开链接内容）。同样，选中文字"黄埔军校"，设置链接文件为"gz-Huangpu.html"，目标为"_blank"。

（2）设置图像热点超链接

图 13-5 "超级链接"面板

① 选中 Summary.html 网页上端的图形,在"属性"面板左下角"热点工具"中,单击其中的矩形按钮,如图 13-6 所示。在图形上"首页"四周拖动鼠标框住这文字区域。

图 13-6 "属性"面板

② 在"属性"面板中设置链接,"链接"为 index.html 文件,"目标"为"_self"(默认方式,在当前网页所在的窗口或框架中打开链接内容)。

(3)设置空链接

① 再次选择"属性"面板中的矩形热点,在页面顶部图形上"特色美食"四周设置热点区域。

② "属性"面板设置,"链接"输入"#",为后续的操作留下空链接。

(4)设置锚记超链接

① 鼠标定位页面行首文字"广州概述"前,选择"插入"|"命名锚记"命令,输入锚记名称"mj1",锚记标记出现在插入点处。

② 选中网页右下角处文字"返回文首",在"属性"面板"链接"中输入#锚记名称 "#mj1"。

③ 保存网页,按 F12 预览设置的链接效果。

注意

　　如果链接的目标锚记点是在其他网页,则要先输入目标网页的名称,后面再加上"#锚点名"。

13.2　网页布局和利用多媒体元素丰富网页

实验 2　网页布局和利用多媒体元素丰富网页实验

一、实验目的

- 正确使用、合理编辑表格以及单元格。
- 掌握利用表格、AP Div 元素布局网页的方法。
- 掌握在网页中插入音频、视频以及动画文件的操作。
- 熟悉框架网页的创建和编辑操作。

二、预备知识

网页元素通常可以包括文本、图像、动画、音乐以及视频等多种元素。因此，在制作过程中除了使用网页制作软件外，还要结合图像处理、动画制作等完成各类素材的准备。当各类素材元素收集、准备完成后，才可以进行具体的网页设计工作。

在进行网页设计时，首先要做的就是设计网页的版式与布局，设计要点要考虑整体风格和色彩搭配。

网页布局即页面空间的合理编排利用，早些年基本通过大小不一的表格和表格嵌套来定位排版网页内容，现在流行的方式是 DIV+CSS。

表格可以将数据、文本、图片、表单等元素有序地排列在页面上，更重要的是可以完成网页的版面布局。在制作网页时，利用表格实现网页布局是最传统的常用方法。

AP 元素（绝对定位元素）是分配有绝对位置的 HTML 页面元素。AP Div 是使用了 CSS 样式中的绝对定位属性的 div 标签。AP 元素特点，一是作为容器，AP 元素可以包含文本、图像或其他任何可放置到 HTML 文档正文中的内容，二是实现页面的布局，可以将 AP 元素放置到其他 AP 元素的前后，实现内容层叠的效果，还可以根据需要显示或者隐藏，或在网页内容之上任意浮动，还可以与动作行为制作出动画效果。

框架是网页中经常使用的页面设计方式，框架的作用是把网页在一个浏览器窗口划分为几个不同的区域。单个框架（Frame）就是一个区域，可以单独显示一个 HTML 文档，多个框架就组成一个框架集（FrameSet），实现在一个浏览器窗口中显示多个 HTML 页面。使用框架可以非常方便地完成导航工作，而且各个框架之间绝不存在干扰问题。利用框架最大的特点就是使网站的风格一致，结构更加清晰。通常把一个网站中页面相同的部分单独制作成一个页面，作为框架结构的一个子框架的内容给整个网站公用。

三、实验内容与步骤

1. 创建主页文件

使用表格布局页面，创建页面效果如图 13-7 所示的 index.html 主页文件。

图 13-7　页面效果

（1）启动 Dreamweaver，选择"站点"|"管理站点"命令，弹出图 13-8 所示的"管理站点"对话框。选择"我的站点"，打开站点文件夹。通过"文件"面板可以看见当前站点文件夹内容。

 如果实验 1 指定的站点文件夹为 Mysite，因为换计算机等原因不存在了，则必须按实验 1 方法重新建立本地站点。

（2）新建一个网页文件，命名为"index.html"。在"页面属性"中设置页面"背景颜色"为浅黄色"#FFC"，"标题"为"走近广州"。

（3）选择"插入"|"表格"命令，在"表格"对话框设置表格"行数"、"列"分别为 4 和 5，"表格宽度"为 960 像素，"边框粗细"、"单元格边框"、"单元格间距"均为 0。在"属性"面板将表格设置为"居中对齐"。

图 13-8　"管理站点"对话框

（4）选中表格第一行，在"属性"面板中单击"合并所选单元格"按钮。然后插入 image 文件夹中的"guangzhou.jpg"图形文件。

（5）调整表格宽度。拖动第 1 列右边线使其宽度为 45 像素，第 5 列拖动左边线使其宽度为 45 像素。如图 13-9 所示，选中第①②③④⑤⑥单元格，在"属性"面板设置"背景颜色"为白色"#FFFFFF"。

图 13-9 单元格设置

（6）嵌套表格。分别在第①②③④⑤单元格中插入行列 2×1，宽度 100%的表格，第⑥单元格插入 4×1 的表格。

（7）在②嵌入表格的第二行单元格导入 Tourismline.docx 文本内容。两端嵌入表格的第一行单元格输入文字"视频欣赏""天气预报"等，并且设置文字格式，如图 13-10 所示。

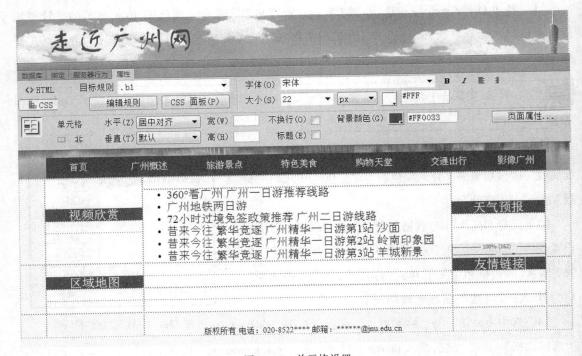

图 13-10 单元格设置

2. 使用多媒体元素丰富网页

在上述表格布局基础上，对主页文件 index.html 继续添加多媒体元素，以丰富网页内容，页面效果如图 13-11 所示。

图 13-11　页面效果

（1）如图 13-12 所示，在嵌入表格①单元格中插入图形文件 gz-map.jpg，②③单元格分别插入图形文件 word1.jpg、word2.jpg，④单元格插入图形文件 weather.jpg，⑤⑥⑦分别插入图形文件 pic11.jpg、pic12.jpg、pic13.jpg。

（2）在（二）单元格选择"插入"|"媒体"|"SWF"命令，将 image 文件夹中动画文件"food.swf"插入其中。

（3）在（一）单元格选择"插入"|"媒体"|"FLV"命令，在"插入 FLV"对话框中（如图 13-13 所示）完成设置。"视频类型"选择"累进式下载视频"，"URL"选择视频文件"image\Propaganda.flv"，"外观"选择"Halo Skin 2（最小宽度：180）"，"高度"200，"宽度"150，

155

勾选"自动播放"和"自动重复播放"。

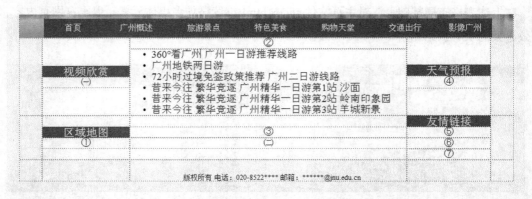

图 13-12　在单元格中插入图形文件

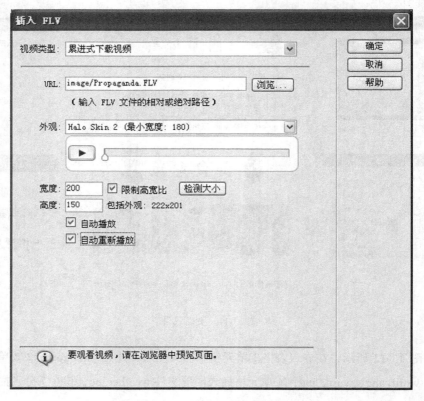

图 13-13　"插入 FLV"对话框

（4）将右下角图形"pic13.jpg"设置超链接，链接到"http://www.gdwh.com.cn/msg/"，目标为"_blank"。

（5）所有多媒体单元格水平居中对齐，保存网页，按 F12 预览效果。

3. 利用 AP Div 元素布局网页

利用 AP Div 元素，创建页面效果如图 13-14 所示，由若干个信息块构成的 gz-tower.html 网页文件。

广州塔

• 景点介绍

广州塔又称广州新电视塔，其头尾相当，腰身玲珑细长，又有"小蛮腰"的昵称。

其建筑总高度600米（其中塔体高450米，天线桅杆高150米），广州塔以国内第一高塔、世界第三的旅游观光塔的地位，向世人展示腾飞广州、挑战自我、面向世界的视野和气魄。

广州塔屹立在广州城市新中轴线与珠江景观轴线交汇处，与海心沙亚运公园和珠江新城隔江相望，与广州歌剧院、广东省博物馆、广州图书馆、广州第二少年宫四大 文化建筑遥相呼应，是羊城的标志性建筑物。其独特设计造型，将力量与艺术完美结合，展现了广州这座大城的雄心壮志和磅礴风采，成为新中轴线上的亮丽景观。

广州塔是广州地标，即使不游塔，也可以来此拍摄外观，用以留念。尤其是晚上，由于广州塔夜间亮灯，搭配周围璀璨的广州夜景，画面感十足，当然也可以选择珠江夜游的时候拍摄广州塔。

广州塔从下到上，分为A-E一共5个功能区，塔基部分也就是A区为介绍广州历史、文化、经济和旅游景点等展示功能，并设置旅游服务配套设施。塔冠部分也就是E区，设置餐饮、娱乐功能及观景平台。

广州塔的娱乐有高空横向"摩天轮"，"速降体验"的极限项目以及4D影院，除外其还有很多其他景点，比如珠江摄影观景平台、488摄影观景平台。

• 交通信息

公交：121、121A、204、131A和131B等多条公交线路直达广州塔。
地铁：地铁3号线赤岗塔站通道A出口下直达广州塔；
沿中轴线设置的APM系统赤岗塔站直抵广州塔

• 实用TIPS

开放时间：9：00～23：00
票价：成人150元/人，老人、学生120元/人，儿童100元/人。

图 13-14　页面效果

（1）打开网页文件"gz-tower.html"，页面标题为"广州塔"。

（2）从"常用"工具栏切换到"布局"工具栏，单击"绘制 AP Div"按钮，在窗口通过鼠标拖动绘制一个 AP Div。按住 Ctrl 键不放可以连续绘制多个，这里共需绘制 5 个 AP Div，如图 13-15 所示。（也可以选择"插入"|"布局对象"|"AP Div"命令，一次创建一个默认大小的 AP Div。）

（3）将 image 文件夹中的图片文件 tower1.jpg、tower2.jpg 分别插入 AP Div1 和 AP Div4 中，打开文档 tower.docx，将其中"景点介绍"部分的文本复制粘贴到 AP Div2 中，"交通信息"部分的文本复制粘贴到 AP Div3 中。

（4）AP Div5 中输入"广州塔"，设置字体为"黑体"，大小为"36px"，颜色为"#00F"。

（5）根据每个 AP Div 中内容，适当调整位置和大小。利用"属性"面板将 AP Div2 的高度调整至与 AP Div1 高度一致，均为 450px，且将"溢出"设为"scroll"。设置 AP Div2、AP Div3 的背景图片为 image/background.jpg。

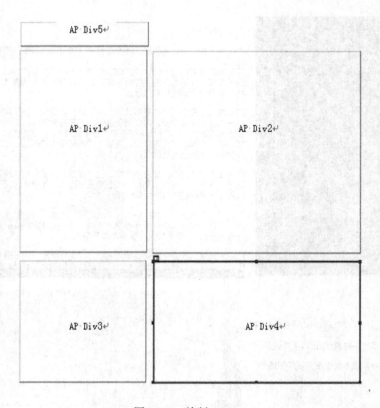

图 13-15　绘制 AP Div

（6）复制一个 AP Div5，成为 AP Div6。将 AP Div6 移动层叠在 AP Div1 的右上角。保存文档。

可以发现，在网页中利用 AP Div 放置若干的信息块，非常灵活，方便调整位置，适合简单网页的制作布局。AP Div 既可以随意放置也可以通过 AP Div"属性"面板上的"左"、"上"、"高"、"宽"精确定位和设置大小；也可以打开"AP 元素"活动面板，给每个 AP Div 重新命名，设置可见性等。

4. 制作框架网页

利用框架技术，制作页面效果如图 13-16 所示，由 3 个框架构成的框架集网页文件 frameset.html。

（1）新建一个空白网页，页面标题为"旅游景点"。

（2）选择"插入"|"HTML"|"框架"|"上方及左侧嵌套"命令，生成如图 13-17 所示的框架网页。窗口被 3 个框架分成了 3 个子窗口，每个子窗口中都可以新建和编辑一个完整的网页，实现 3 个 HTML 页面的同时编辑和显示。

图 13-16　页面效果

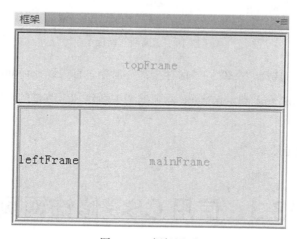

图 13-17　框架网页

（3）调整框架大小。拖动 topFrame 下边线，结合"属性"面板，使其行高值为 296 像素，leftFrame 列宽值为 226 像素，如图 13-18 所示。

（4）鼠标定位 topFrame 框架，插入图片文件 image/guangzhou.jpg，鼠标定位 leftFrame 框架，使用"文件"｜"在框架中打开"命令，选择 left1.html 网页文件在左侧打开。leftFrame 属性设置

"自动"决定是否使用滚动条。

图 13-18   "属性"面板 1

（5）设置超链接。分别选中 topFrame 中文字"城市风貌""历史文化""自然生态"，分别链接到已有网页文件 gzpic-city.html、gzpic-History.html 和 gzpic-Natural.html，目标为框架 mainFrame。

（6）通过"框架"浮动面板选中 mainFrame 框架，在"属性"面板，"源文件"输入"gzpic-city.html"，如图 13-19 所示。

左侧 leftFrame 框架起到导航条作用，单击左侧不同项目时，mainFrame 框架中会显示不同的页面，即 mainFrame 框架不固定显示某一个页面。在 mainFrame 框架中将 gzpic-city.html 网页作为事先默认打开的页面。

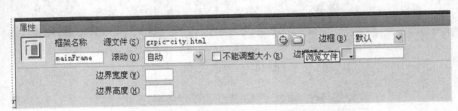

图 13-19   "属性"面板 2

（7）保存框架页面。选择"文件"|"保存全部"命令，首先以 setframe.html 为名保存框架集文件。随后逐一保存 topFrame 和 leftFrame 两个框架中新建和修改过的页面，分别以 top.html 和 left.html 为名保存。

（8）按 F12 键，预览效果。

13.3   使用 CSS 修饰网页

实验 3   使用 CSS 修饰网页实验

一、实验目的

- 了解 CSS 样式表的作用。
- 认识 CSS 样式的类型。

- 熟悉 CSS 规则的常用选择器。
- 掌握设置、修改和应用 CSS 样式的方法。

二、预备知识

层叠样式表（Cascading Style Sheet，CSS）是用于控制网页样式并允许将样式信息与网页内容分离的一种样式设计语言。HTML 语言利用 HTML 标签可以在网页中放置各种网页元素，但 HTML 所能设置的样式十分有限。而 CSS 能够对网页中各种元素的字体、大小、间距、风格以及布局进行像素级的精确控制，实现 HTML 标记无法表现的效果。对一个网站来说，通过 CSS 样式表可以实现整体风格的统一。现在 Dreamweaver 中对网页元素样式的设置，大部分默认使用的就是 CSS 样式表设置。

CSS 按其样式代码的位置，可以分成三种。

① 内联式 Inline（也叫行内样式）：应用内嵌样式到各个网页元素。

② 嵌入式 Embedding（也叫内页样式）：在网页上创建嵌入的样式表。

③ 外联式 Linking（也叫外部样式）：将网页链接到外部样式表。

内联样式表、嵌入样式表、外联样式表各有优势，实际应用中常常需要混合使用。如果希望某网页内某段文字和其他段落的文字显示风格"与众不同"，可以单独采用行内样式定义。内联样式表局限于某个标签，如果希望本网页内的所有同类标签都采用统一样式，可采用内嵌样式。如果希望整个网站的所有网页样式一致、风格统一，避免为每一个网页重复定义样式表的麻烦，同时也实现改变一个样式表文件即能改变整个网站的外观，那么，外联样式表是最好的选择。外联样式是把所有的样式存放在一个以.css 为扩展名的样式表文件，然后将这个 CSS 文件链接到各个网页中。

对于某个 HTML 标签，如果有多种样式发生冲突，其中的优先级是：内联式 > 嵌入式 > 外联式。

Dreamweaver 软件提供了 CSS 的可视化编辑工具，软件中的 CSS 通过 CSS 面板来进行新建、选择、编辑等操作。利用 CSS 规则可以对所有 HTML 标签的默认格式进行重新定义。

目前，DIV+CSS 是主流的网页布局方式。DIV 只负责页面的内容和结构，CSS 则负责页面的外观样式，这种布局技术充分实现内容和表现的分离。

三、实验内容与步骤

1. 创建内部 CSS 样式并应用于 Summary.html 正文

（1）启动 Dreamweaver，选择"站点"|"管理站点"命令，选择"我的站点"作为指定的站点文件夹。

（2）打开站点中 Summary.html 网页文件。

（3）选择"格式"|"CSS 样式"|"新建"命令。在"新建 CSS 规则"对话框中，将"选择器类型"选择为"类（可应用于任何 HTML 元素）"，在"选择器名称"中输入"ys1"，在"规则定义"中选择"仅限该文档"。

注：利用"窗口"|"CSS 样式"命令，打开"CSS 样式"活动面板，也可以完成 CSS 样式

的新建 CSS 规则、编辑样式表、附加样式表等相关操作。

（4）之后弹出".ys1 的 CSS 规则定义"对话框。如图 13-20 所示，在左侧"分类"中选择"类型"，设置"Font-family"为"新宋体"，"Font-size"为 16px，"Line-heigh"行高为 23px；再选择"分类"中的"区块"，在"Text-indent"中设置段落首行缩进 36px，单击"确定"按钮。

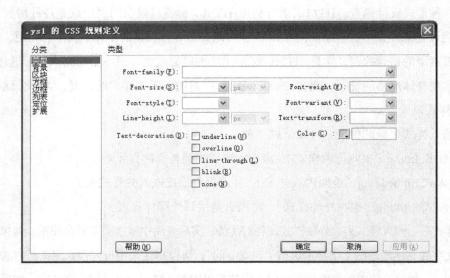

图 13-20　".ys1 的 CSS 规则定义"对话框

（5）选中正文中各段落文字，在快捷菜单中选择"CSS 样式"|"ys1"，即应用 ys1 样式。

2．修改 CSS 样式

（1）修改"ys2"样式，使标题文字"广州概述"呈现如图 13-21 所示阴影文字效果。

图 13-21　阴影文字效果

打开"CSS 样式"面板，在"所有规则"中选中之前实验中建立的"ys2"样式，单击面板右下方的"编辑样式"按钮，在".ys2 的 CSS 规则定义"对话框中进行如下设置。

在"分类"中选择"扩展"，在"Filter"中选择"Shadow(Color=?，Direction=?)"，将其改写成 Shadow(Color= #3CF, Direction=30)，确定后预览标题效果。

注："Color"为阴影的颜色，"Direction"为阴影的角度，B 取值范围是 0～360 度。

（2）修改"body"样式，使页面宽度固定，内容居中呈现。

打开"CSS 样式"面板，在"所有规则"中选中"body"，单击"编辑样式"按钮，在".body 的 CSS 规则定义"对话框中进行设置：在"分类"中选择"方框"，在"Width"中输入 960px，"Height"选择"auto"，"Margin"中选择"auto"。

3. 使用 CSS 重新设置标签样式，为"项目列表"标签重新定义图像符号

（1）打开"CSS 样式"面板，单击"新建 CSS 规则"按钮，在"新建 CSS 规则"对话框中"选择器类型"中选择"标签（重新定义 HTML 元素）"选项，在"选择器名称"下拉列表中选择"li"，在"规则定义"中选择"仅限该文档"，单击"确定"。

（2）在"li 的 CSS 规则定义"对话框的"分类"中选择"列表"，在"List-style-type"中选择"disc"，在"List-style-image"中通过浏览指定图片文件"image/xm_1.gif"，在"List-style-position"选择"inside"。确定后可以看见原来的项目列表符号已经改变。

4. 建立并链接外部 CSS 样式表文件，制作动态文本链接效果

建立选择器类型为"复合内容"的外部 CSS 样式表文件

（1）选择"文件"|"新建"命令，选择页面类型为"CSS"，创建一个空白的 CSS 样式表文件，如图 13-22 所示。

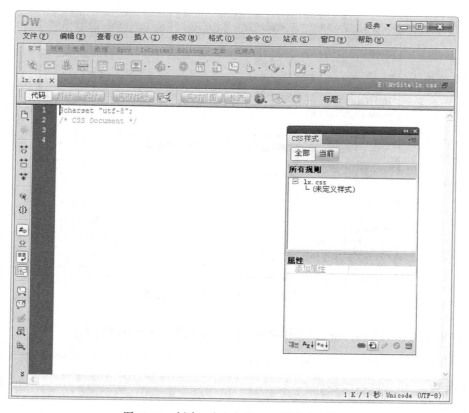

图 13-22　创建一个空白的 CSS 样式表文件

（2）在"CSS 样式"面板，单击"新建 CSS 规则"。在"选择器类型"下拉列表中选择"复合内容（基于选择的内容）"，"选择器名称"下拉列表中选择"a:link"，单击"确定"。

（3）在接下来的"a:link 的 CSS 规则定义"对话框，"类型"属性中将颜色"color"值输入为"#00F"，"text-decoration"勾选无下划线"none"。单击"确定"。

（4）重复步骤（2）、（3），依次设置"a:visited"、"a:hover"和"a:active"的样式。完成后，文档在代码视图中应有如下代码。

```
a:link {
    color: #00F; text-decoration: none;}
a:visited {
    color: #0CF; text-decoration: none;}
a:hover {
    font-style: italic;   color: #F00;}
a:active {
    font-style: italic;   color: #F00;}
```

（5）以"lx.css"为文件名，将该样式表文件保存在当前站点文件夹中。

上述在"选择器名称"下拉列表中，4 个选项是用于设置超链接文本的样式，如图 13-23 所示。其中的 a:link 设置未被访问的超链接文本的样式；a:visited 设置已被访问过的超链接的样式；a:hover 设置鼠标悬停在超链接上的样式；a:active 设置鼠标单击超链接时的样式。

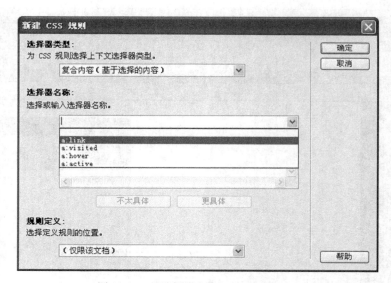

图 13-23　　"选择器名称"4 个选项

5. 在网页文件中引用外部 CSS 样式表文件，生成动态文本链接效果

（1）打开网页文件 Frameset.html，鼠标定位 leftFrame 框架，在"CSS 样式"面板单击"附加样式表"，在"链接外部样式表"对话框中，指定链接的样式表文件为"lx.css"。如图 13-24 所示。

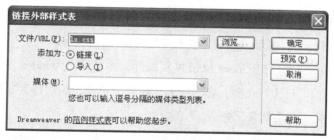

图 13-24　"链接外部样式表"对话框

（2）保存文件，在浏览器预览效果。鼠标移至 leftFrame 建立了超链接的文本上悬停并单击，比较应用了样式表前后的效果。

13.4　应用行为增加网页动态效果

实验 4　应用行为增加网页动态效果

一、实验目的

- 理解行为、事件和动作的概念。
- 学会使用行为面板。
- 掌握利用内置行为对网页进行设置。
- 了解如何使用 Spry 构件。

二、预备知识

行为是 Dreamweaver 内置的一段 JavaScript 程序代码。Dreamweaver 行为由事件和动作组合而成。事件是触发动态效果的条件，一个事件总是针对页面元素或标记而言的，例如单击鼠标、将鼠标移到图片上、把鼠标移至图片之外，是与鼠标有关的三个常见的事件。动作是指最终需完成的动态效果。如交换图像、弹出信息、打开浏览器窗口、显示或隐藏页面元素等都是动作。使用 Dreamweaver 内置行为，可以不编程轻松实现程序动作，从而使网页具有动态效果。

Spry 构件是一个页面元素，它支持一组用标准的 HTML、CSS 和 JavaScript 代码编写的可重用构件。使用这些构件，可以方便网页设计者构建有更为丰富体验的 Web 网页。当用户使用 Dreamweaver 界面插入构件时，系统会自动生成该构件相关联的 CSS 和 JavaScript 文件，并且链接到页面。

Spry 菜单栏构件是一组可导航的菜单按钮，当访问者将鼠标悬停在其中的某个按钮上时，将显示相应的子菜单。

三、实验内容与步骤

1. 利用弹出信息行为，显示"欢迎光临本网站并加入网页制作！"

（1）启动 Dreamweaver，打开 index.html 网页文件，将其另存为 index_1.html。

（2）选择"窗口"|"行为"命令，在"行为"面板上单击"添加行为"按钮，如图 13-25 所示，从下拉列表中选择"弹出信息"命令。

（3）在"弹出信息"的消息文本框中，输入如图 13-26 所示文本，"确定"后当前默认的触发事件为"onLoad"（网页被打开时触发）。

图 13-25　"行为"面板　　　　　　　　图 13-26　"弹出信息"的消息文本框

（4）保存文件，按 F12 键。当浏览器窗口加载时，将弹出一个小窗口，显示相应信息。

2. 利用打开浏览器窗口行为，呈现放大的图片

（1）选中网页左下角的图形"区域地图"，在"行为"面板上"添加行为"，从下拉列表中选择"打开浏览器窗口"。

（2）在"打开浏览器窗口"，如图 13-27 所示进行设置。"确定"后显示默认添加的行为是"onClick"事件。

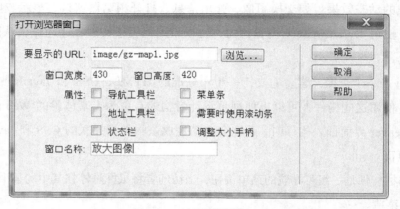

图 13-27　打开浏览器窗口

（3）保存文件，按 F12 键。在浏览网页时单击区域地图，将打开指定的 URL，即设定的放大图像。

3. 利用效果行为，使图形呈现渐显/渐隐效果

（1）选中页面中部的图形"旅游向导"，在"行为"面板上"添加行为"，从下拉列表中选择"效果" | "显示/渐隐"。如图 13-28 所示，在"显示/渐隐"对话框进行设置。然后在事件 onClick 上单击，通过下拉列表将触发事件改为"onMouseOver"（鼠标滑过时）。

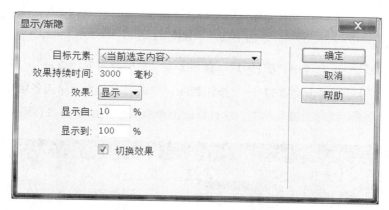

图 13-28　"显示/渐隐"对话框

（2）保存文件，按 F12 键。在浏览器窗口预览效果。

4. 通过 Spry 构件，制作下拉式导航菜单

通过 Spry 构件，制作如图 13-29 所示的下拉式导航菜单。

图 13-29　下拉式导航菜单

（1）在当前站点新建一个网页文件，并保存为 guangzhou_1.html。

（2）在文档中插入一个 1 行 1 列、宽度为 950 像素、居中的表格。在第一行插入图形文件 guangzhou1.jpg。在图形底端绘制一个 AP Div，用于放置导航菜单，适当调整大小。

（3）鼠标定位 AP Div 中，选择"插入"|"Spry"|"Spry 菜单栏"命令，选择水平布局的菜单栏。生成后，选中 Spry 菜单栏，打开"属性"面板。如图 13-30 所示。

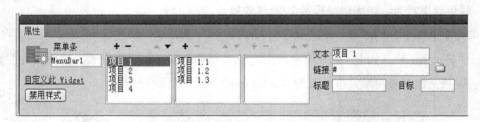

图 13-30　"属性"面板

（4）在"属性"面板中选中"项目 1"，在"文本"栏中改写成"首页"。将不需要的"项目 1.1"、"项目 1.2"等通过单击上方的"－"按钮删除。根据菜单需要，单击各级项目上面的"+""－"按钮，继续增减一级和二级菜单项，并且修改菜单项名称，如图 13-31 所示。

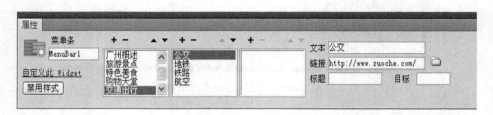

图 13-31　编辑菜单项

（5）将"交通出行"的二级菜单项"公交"链接 URL 修改为 http://www.zuoche.com/，二级菜单项"地铁"链接 URL 修改为 http://www.gzmtr.com/。

（6）保存网页，按 F12 键。预览菜单项效果及样式。检查菜单行为，测试"公交"、"地铁"两子项目的链接。

可继续对生成的 CSS 样式进行修改。

（7）打开其"CSS 样式"面板，展开其中的"SpryMenuBarHorizontal.css"样式表，选择"ul.MenuBarHorizontal li"，编辑该样式。在"边框"类别中，将"Right"框的"Style"、"Width"、"Color"分别输入"solid"、"1px"、"#999"，"Botton"框的"Style"、"Width"、"Color"同样分别输入"solid"、"1px"、"#999"。在"背景"类别中，将"Background-color"框更改为"#F00"。

（8）选择"ul.MenuBarHorizontal a"，编辑该样式。在"类型"类别中，将"Color"框更改为"#FFF"，在"背景"类别中，将"Background-color"框更改为"#F00"。

（9）单击"ul.MenuBarHorizontal a.MenuBarItemHover, ul.MenuBarHorizontal a.MenuBarItemSubmenuHover, ul.MenuBarHorizontal a.MenuBarSubmenuVisible"规则，编辑该样式。直接在"属性"区域中，将"Color"值更改为"#FF3"，并将"Background-color"值更改为"#66F"。

（10）保存网页，按 F12 键。再次预览菜单项效果及样式。

四、实践与思考

（1）上网访问若干商务网站，了解各网站版面布局、风格。

（2）自行发挥，在"走近广州"实验站点基础上，添加若干个如广州"特色美食"、"购天堂物"等相关网页。或者自建主题网站，要求包括主页和若干相关网页。

（3）素材内容自选。适当插入图片、动画、视频等多媒体元素。

（4）在主页中添加超级链接，转到相关网页；每个网页包括返回主页的超级链接。

（5）页面设定合适的背景颜色、文字颜色等，灵活采用 CSS 美化网页。

（6）适当添加内置行为，为网页增加动态效果。

[1] 教育部高等学校计算机基础课程教学指导委员会. 高等学校计算机基础教学发展战略究报告暨计算机基础课程教学基本要求[M]. 北京：高等教育出版社，2009.

[2] 程向前，陈建明. 可视化计算[M]. 北京：清华大学出版社，2013.

[3] 刘梅彦. 大学计算机基础实验指导与习题解答[M]. 北京：清华大学出版社，2013.

[4] 张子言. 常用算法深入学习实录[M]. 北京：电子工业出版社，2013.

[5] [美] Adobe 公司. Adobe Dreamweaver CS5 中文版经典教程. 陈宗斌译. 北京：人民邮出版社，2011.

[6] 宋宝贵. 中文版 Dreamweaver CS6 入门与提高. 北京：北京希望电子出版社，2012.

[7] 李洪，贺丽娟. 中文版 Dreamweaver+Flash+Photoshop 网页制作从入门到精通 CS6 版. 京：清华大学出版社，2014.